乳制品 消费与健康

唐振闯　任广旭　杨祯妮　著
王加启　程广燕　顾问

中国农业科学技术出版社

图书在版编目（CIP）数据

乳制品消费与健康 / 唐振闯，任广旭，杨祯妮著. --北京：中国农业科学技术出版社，2021.10

ISBN 978-7-5116-5258-4

Ⅰ.①乳… Ⅱ.①唐… ②任… ③杨… Ⅲ.①乳制品—基本知识 Ⅳ.①TS252.5

中国版本图书馆 CIP 数据核字（2021）第 056634 号

责任编辑	周　朋
责任校对	李向荣
责任印制	姜义伟　王思文

出 版 者	中国农业科学技术出版社
	北京市中关村南大街12号　　邮编：100081
电　　话	（010）82106643（编辑室）　（010）82109702（发行部）
	（010）82109709（读者服务部）
传　　真	（010）82106650
网　　址	http:// www.CASTP.cn
经 销 者	各地新华书店
印 刷 者	北京建宏印刷有限公司
开　　本	148 mm×210 mm　1/32
印　　张	5
字　　数	160千字
版　　次	2021年10月第1版　　2021年10月第1次印刷
定　　价	32.00元

版权所有·翻印必究

前　言

健康中国离不开一杯牛奶。奶业是实现"健康中国2030"战略目标不可或缺的产业，是关系人民健康、民族强壮的福祉产业。把奶业振兴战略和健康中国战略融合，加快推动我国奶业高质量发展，发挥乳制品在全人群、全生命周期健康支撑作用，是实现"第二个百年"奋斗目标和中华民族伟大复兴的中国梦的战略选择。

牛奶是大自然赐予人类的珍贵食物。科学饮奶可以保障婴幼儿生长发育、减少儿童营养不良、预防慢性疾病发生、提高人均健康预期寿命。推广饮奶是世界各国改善居民营养健康的重要抓手。乳制品中含有蛋白质、脂肪、钙、铁、维生素B_2、维生素D等20多种人体必需的营养素，几乎包含人体所需的所有营养物质，乳制品中还含有β-乳球蛋白、免疫球蛋白、乳铁蛋白等多种活性蛋白成分的来源，酸奶中还含有可改善肠道健康的益生菌。科学研究证实，摄入适量的牛奶及其制品能维持人体骨密度、控制体重、降低心血管疾病发生风险和提高机体免疫力。在抗击新冠病毒肺炎疫情的非常时期，牛奶更是被列入推荐食谱中，以保障基本营养需求和增强机体免疫力。

党中央、国务院高度重视奶业发展和中国人奶瓶子安全。为推进奶业振兴，保障乳制品质量安全，提振广大群众对国产乳制品信心，进一步提升奶业竞争力，2018年6月国务院办公厅《关于推进奶业振兴保障乳品质量安全的意见》明确指出，"奶业是健康中国、强壮民族不可或缺的产业，是食品安全的代表性产业，是农业现代化的标志性产业和一二三产业协调发展的战略性产业"。《中国食物与营养发展纲要（2014—2020年）》《国民营养计划（2017—2030年）》等战略性指导文件也把培育乳制品消费市场、提高国民乳制品消费水平作为居民营养改善和预防疾病发生的重要措施。

近十年来，我国奶业在提质增效、转型升级方面取得了不错的成绩。但奶业总产量和居民消费量都徘徊不前，成为我国奶业发展的痛点和奶业振兴的难点。2020年，我国人均奶类表观消费量约38.3千克，不到亚洲平均水平的一半，约相当于全球人均消费量的1/3，与欧美等典型发达国家饮奶量差距更大。《中国居民膳食指南（2016）》建议每天饮奶300克或相当量的乳制品，折合每年约110千克，当前人均奶类消费量仅相当于推荐量的34.8%。总体来看，我国居民乳制品消费不足直接限制我国奶业振兴和全民健康水平。消费者对国产奶信心和营养认知不足导致居民乳制品消费不高，奶业消费端没对有生产端产生拉动作用，已成为制约奶业振兴的重要限制因素。

围绕乳制品消费和健康相关问题，农业农村部食物与营养发展研究所乳品营养健康中心先后开展乳制品消费调查、乳制品营养科普、乳制品与人群健康等方面研究。通过以上研究，积累了一套居民乳制品消费大样本调研数据，建立了乳制品消费预测模型；建立了人群研究队列，摸清了肠道菌群途径下乳清蛋白改善重点人群肌肉健康的相关机制；在贫困地区开展了乳制品营养宣教示范基地，初步构建贫困地区儿童乳制品消费行为及影响因素研究队列；

开展了乳制品营养与健康科普活动，建立了乳制品科普与消费引导模型。

　　本书的初心是通过分享乳制品消费与健康方面的相关研究成果，提升国民乳制品认知水平，提高国民乳制品消费水平，发挥奶类应有的健康支撑作用，为健康中国战略和奶业振兴战略服务。本书可供科研与教学人员、行业从业人员、消费者等参考选用。

　　本书编写时间较为仓促，书中难免存在不足和疏漏之处。在此，我们既诚恳地希望得到社会各界和专业人士的理解和支持，更热切地欢迎大家对我们的工作提出批评、意见和改进建议，以便今后进一步修改提高。

著　者

2021 年 2 月

目 录

第一章 概述 ·· 1

第二章 乳制品的分类与特征 ·························· 6
    第一节 乳制品的概况 ······························ 6
    第二节 乳制品的分类 ······························ 8
    第三节 不同乳制品的特征 ······················· 14

第三章 奶业生产与消费概况 ························· 32
    第一节 奶业生产情况 ···························· 32
    第二节 乳制品的贸易情况 ······················· 36
    第三节 乳制品的消费情况 ······················· 40

第四章 我国居民乳制品消费案例分析 ·············· 46
    第一节 北京、上海、广州居民奶类消费及影响因素 ····· 46
    第二节 2018年典型城市居民奶类消费结构与替代研究 ··· 57

第五章 乳制品的营养价值 ···························· 76
    第一节 乳制品的主要营养成分 ················· 76

第二节　不同乳制品的主要营养特点 ………………… 80
第三节　乳制品的营养功效 …………………………… 88

第六章　乳制品与常见疾病的防治 ……………………… 95
第一节　乳制品与糖尿病的防治 ……………………… 95
第二节　乳制品与心血管疾病的防治 ………………… 96
第三节　乳制品与肥胖症的防治 …………………… 100
第四节　乳制品与骨质疏松 ………………………… 102
第五节　乳制品与免疫 ……………………………… 104
第六节　乳制品与其他健康问题 …………………… 107

第七章　科学食用乳制品指导和建议 ………………… 111
第一节　推动乳制品消费的重要性 ………………… 111
第二节　乳制品消费指南 …………………………… 120
第三节　促进乳制品消费的政策建议 ……………… 122

第八章　国内外促进乳制品消费的学生奶计划 ……… 126

参考文献 ………………………………………………… 139

致　谢 …………………………………………………… 150

第一章 概 述

"乳"是哺乳动物产犊（羔）后由乳腺中分泌出来的一种具有胶体特性、质地均匀的生物学液体，含有幼小机体生长、发育所需的全部营养物质。其色泽呈白色或微黄色，不透明，味微甜并具备特有的香气。乳制品指的是使用牛乳或羊乳及其加工制品为主要原料，加入或不加入适量的维生素、矿物质和其他辅料，使用法律法规及标准规定所要求的条件，经加工制成的各种食品，也叫奶制品。

20世纪90年代末以来，随着城乡居民对乳制品认知程度的提高，加上政府的大力推动，我国奶业快速发展，成为世界第三大奶业生产国。近年来，由于多方面因素的影响，我国奶业产销形势出现重大变化，特别是"三聚氰胺"奶粉事件后，更使奶业陷入前所未有的危机之中。如何正确认识奶业的战略地位，准确把握可能的发展趋势，采取正确的战略措施，保证奶业稳定健康发展，是政府管理部门和学者必须高度关注的事情。

在建设社会主义现代化强国新征程中，全民健康对于不断满足人民对美好生活的向往意义重大。习近平总书记2020年9月11日在科学家座谈会上提出"四个面向"要求，特别是旗帜鲜明地提出"面向人民生命健康"，体现了人民至上、生命至上的理念。牛奶对人类来说是"最接近完美的食物",对人类的生命健康起着重要的作用。牛奶富含生命活动所必需的营养物质以及生物调节物质,这些物质共同组成了牛奶这个复杂的食物体系。然而,目前关于牛奶与人体健康的研究结论并不一致;国内缺乏基于中国人群开展的系统研究,国际上对于牛奶与健康的数据多停留在流行病学层面,缺少准确、系统的健康效用研究。乳制品对人群健康效应的实证缺乏和消费者对乳制品营养价值的认知不足,限制了乳制品在国民营养改善中的重要作用。

一、奶业是全面小康社会时期不可或缺的产业

奶业是农业的重要组成部分,乳制品是重要的"菜篮子"产品,奶业发展水平是一个国家畜牧业现代化程度的重要标志。

(一)乳制品是增强国民身体素质的主导产品

在经济全球化条件下,世界经济的竞争是综合国力的竞争,但归根到底是民族素质的竞争。改善居民营养、提高国民身体素质,是全面小康社会的必要前提和重要标志。世界许多国家和地区对发展奶业生产、引导乳制品消费都给予了高度重视,把鼓励乳制品消费作为提高人民健康水平、增强国民身体素质的一项重要措施。第二次世界大战后,日本坚持实施学生奶计划,对改善儿童身体素质发挥了重要作用。国外经验证明,乳制品消费对一个民族的健康、个人身体素质、耐力、智力、体力等的提高具有重要作用。为此,世界卫生组织(World Health Organization,WHO)把人均乳制品消费量列为衡量一个国家人民生活水平的主要指标之一。加快奶业发展,提高乳制品消费水平,是增强全民体质、促进智力发育、实现全面小康社会目标的重大任务。

（二）奶业是农业产业化经营的重要带动力量

农业产业化经营是提高农产品质量，增加农业效益，增加农民收入，促进现代农业发展的重要举措。奶业的产业化经营是农业中发展最快的产业之一，为农业产业化经营起到了重要的示范带动作用。奶业的产业链是农牧业生产和加工运销产业中各环节联系最紧密的。原奶易腐，需要及时收集、冷却、储运。生产、加工、销售（产加销）任何环节的不协调都会影响原奶及其制品的质量。当前，我国大部分加工企业更加重视奶源基地建设，加强奶站服务等，使产加销各个环节的联系更加紧密。奶业产业化的发展，对推动整个农业的产业化经营有十分重要的促进作用。

（三）奶业是延长产业链、促进现代农业发展的突破口

现代农业是产加销有机结合、农村一二三产业紧密相联的产业体系。奶业与其他产业最大的不同就是它必须先有加工业，而其他产业可以先发展种养，后进行加工，甚至不加工进行销售。国内外的实践证明，要促进现代农业的快速发展，必要发展农产品加工业，加快农村二三产业的发展，但多年来我国没有找到一个有效的突破口。奶业产业链紧密的特点决定它可以承担这一艰巨任务。通过在奶源基地投资办厂，建立乳制品加工企业，可以促进奶牛养殖业的快速发展，促进相关部门出台鼓励农产品加工业发展的优惠政策，促进农村一二三产业的紧密结合，促进现代农业的快速发展。

（四）奶业是城乡和区域协调发展的支点

奶业是劳动密集型产业，产加销每个环节的正常运转都需要投入较多劳动力。此外，与其他畜产品相比，养殖奶牛是经济效益相对较高的产业。近几年的实践证明，奶业是农民收入增长的亮点，

为缩小城乡差距做出了重要贡献。从区域发展来看，我国西部地区有丰富的奶业发展资源，有奶牛养殖和乳制品消费的传统习惯。加快西部地区奶业发展，以此作为突破口，对带动农民收入增长，带动农产品加工业、农村经济乃至国民经济发展，缩小东西部地区差距，都具有十分重要的意义。

二、当前奶业正进入关键转折时期

在我国奶业生产快速发展的同时，由于各种因素的制约，如收入水平的约束、消费传统的影响、认识水平的有限等，居民乳品消费快速增长后逐步趋于平缓，个别大中城市甚至出现下降趋势，导致乳制品行业竞争激烈，不规范竞争、安全事件也时有发生，我国奶业进入了一个转折关键时期。

习近平总书记指出，要下决心把乳业做强做优，生产出让人民群众满意、放心的高品质乳业产品。《国务院办公厅关于推进奶业振兴保障乳品质量安全的意见》也明确指出："奶业是健康中国、强壮民族不可或缺的产业，是食品安全的代表性产业，是农业现代化的标志性产业和一二三产业协调发展的战略性产业。"同时，《国民营养计划（2017—2030年）》主要目标中的控制5岁以下儿童生长迟缓率和六项提高人群营养健康水平重大行动均需要奶业作为营养支撑。从实际消费上看，我国人均乳制品消费量仅为世界的1/3，与营养需求的差距也很大，消费者对国产奶信心不足，新增消费需求主要通过进口解决，乳制品消费量不高、国内奶竞争优势不强已成为制约奶业振兴的重要限制因素。

强壮民族、健康中国和满足人民美好生活需求已成为党和国家的庄严承诺和历史责任。牛奶是大自然赐予人类的最接近完美的食物，素有"白色血液"的美誉，是世界各国改善国民营养健康的重要抓手。促进国民乳制品消费、提升国产奶竞争优势，必须从经济、营养、健康等多个视角综合开展研究，基于我国人群试验数据，揭示国产奶鲜活优势及健康效用，促进国产优质乳制品消费，增进国民营养健康。

第二章 乳制品的分类与特征

第一节 乳制品的概况

乳制品是指以生鲜牛（羊）乳及其制品为主要原料，经过加工而制成的各种产品。乳制品在世界范围内消费广泛，是人类饮食中的重要组成部分，并且是全球许多国家和地区官方推荐的营养来源的一部分，许多国家给出的营养建议是每天食用3份乳制品，如一杯牛奶加一部分奶酪和酸奶，从而达到建议的每日钙摄入量。世界顶级医学杂志《柳叶刀》建议每人每天应该喝250～500g牛奶；《中国居民膳食指南（2016）》推荐每人每天应该喝300g牛奶，有条件的人群可以适当增加饮奶量，做到每天摄入500g奶。乳制品中含有包括蛋白质、脂肪、碳水化合物、维生素和矿物质等在内的20多种人体必需的营养物质，营养价值高，几乎包含人体所需的所有营养素，是一种最接近完美的优质天然食品。乳制品中的营养素组成比例适宜、容易消化吸收、营养价值较高，是各年龄组健康人群及特殊人群的理想食品。乳制品中含有人体所需的全部必需氨基酸，且氨基酸比例合适，是人体优质蛋白质的重要来源。乳制品中还含有免疫球蛋白、免疫细胞、外泌体、抗菌肽、有益菌及其他多种生物活性物质，这些物质具有改善肠道健康、增强机体免疫力等多种生理功效。

与成人饮食中发现的任何其他典型食物相比,每卡路里的乳制品提供的钙、蛋白质、镁、钾、锌和磷更多。世界卫生组织(WHO)和联合国粮食及农业组织(Food and Agriculture Organization of United Nations,FAO)确定了成人钙的建议营养摄入量(recommended nutrient intake,RNI)为1 000mg/d。在我国,居民每10个人中就有9个人的钙摄入量达不到推荐的1 000mg/d。乳制品因其高吸收率、高生物利用度和相对较低的成本而成为饮食中钙的良好来源,并使人们有极大的可能选择定期食用乳制品。在正常饮食条件下,牛奶和奶酪中30%~40%的钙在肠道中的吸收要通过维生素D的依赖性转运穿过十二指肠、促进扩散,或在乳糖的影响下通过细胞旁途径在小肠远端吸收。此外,乳制品中的酪蛋白磷酸肽(casein phosphopeptides,CPP)和乳糖可以促进肠道钙的吸收。牛奶蛋白的消化率约为95%,而单独的酪蛋白约为94.1%,高于大豆、豌豆、小麦、羽扇豆和油菜籽蛋白的91.5%。牛奶蛋白,尤其是乳清蛋白中的氨基酸对于形成和维持肌肉质量也很重要。酪蛋白可促进小肠对钙和磷酸盐的吸收,并且是生产生物活性肽,如血管紧张素转化酶(angiotensin converting enzyme,ACE)的主要底物,因此,乳制品也具有保护心脏的作用。此外,微量的乳铁蛋白也具有抗癌作用。

一些人摄入牛奶会出现腹胀、腹痛、肠胃气胀和腹泻的症状,严重到足以使人们对食用所有乳制品避之不及,这些症状是乳糖酶不足引起的。乳糖酶将乳糖分解为半乳糖和葡萄糖被肠道吸收,但未消化的乳糖会增加小肠的渗透压,并进入结肠,在那里被结肠内的微生物群发酵,导致上述胃肠道症状。酸奶中含有更多的已分解的乳糖,因此比纯牛奶更容易耐受。发酵菌种中的乳糖酶可以在胃的酸性条件下存活，这些乳糖酶存在于发酵菌细胞内，受到细胞壁的物理保护，并受到酸奶的缓冲能力的保护。缓慢的胃肠道运输时间可使发酵菌种中的乳糖酶活跃，消化酸奶中的乳糖，就可以预防乳糖不耐症患者出现上述症状。

除了牛奶，大量研究已经对其他乳制品中的传统和新颖的成分，如发酵剂和益生菌、益生元和共生素，及其对消费者健康的影响展开了调查。酸奶、奶酪等常见的乳制品的制作过程中一般有这些发酵剂和益生菌的参与，通过食用这些乳制品摄入益生菌对一些疾病有预防和治疗作用。益生菌的益处主要与胃肠道的健康有关，并通过争夺养分和结合位点以及通过产生抗生素来消除病原体。至于益生菌，一些针对益生元和共生素的研究报告表明，这些成分在临床上对保持胃肠道微生物群平衡和改善健康状况方面有效。益生元是可被发酵的膳食纤维，例如菊粉和低聚果糖，它们可被肠道菌群中的有益细菌选择性地利用，从而维持健康的微生物组环境。摄入益生菌是对肠道菌群的补充，它们可以在胃肠道中发挥免疫支持作用。益生菌和益生元两者结合使用效果最好，这种综合作用产生了共生产物。益生元成分在胃肠道中不被消化吸收，可以完整到达大肠并被选择性发酵来产生对人体有益的物质。

第二节　乳制品的分类

乳制品可分为以下7类。

①液态乳。包括巴氏杀菌乳、灭菌乳、调制乳和发酵乳等。

②乳粉。包括全脂乳粉、脱脂乳粉、部分脱脂乳粉、调制乳粉、婴幼儿配方乳粉和其他配方乳粉。

③炼乳。包括淡炼乳、加糖炼乳和调制炼乳等。
④乳脂肪。包括稀奶油、奶油和无水奶油等。
⑤干酪。包括原制干酪、再制干酪等。
⑥乳冰淇淋。包括乳冰淇淋、乳冰等。
⑦其他乳制品。包括乳糖、乳清粉、乳清蛋白粉和酪蛋白等。

一、液态乳

常见的液态乳可分为巴氏杀菌乳、灭菌乳、调制乳和发酵乳4类。

《食品安全国家标准 巴氏杀菌乳》（GB 19645—2010）定义巴氏杀菌乳为"仅以生牛（羊）乳为原料，经巴氏杀菌等工序制得的液体产品"。

灭菌乳又分为超高温灭菌乳和保持灭菌乳。《食品安全国家标准 灭菌乳》（GB 25190—2010）中规定，超高温灭菌乳是指"以生牛（羊）乳为原料，添加或不添加复原乳，在连续流动的状态下，加热到至少132℃并保持很短时间的灭菌，再经无菌灌装等工序制成的液体产品"。保持灭菌乳是指"以生牛（羊）乳为原料，添加或不添加复原乳，无论是否经过预热处理，在灌装并密封之后经灭菌等工序制成的液体产品"。

调制乳是指以不低于80%的生牛（羊）乳或复原乳为主要原料，添加其他原料或食品添加剂或营养强化剂，采用适当的杀菌或灭菌等工艺制成的液体产品。

发酵乳是一类乳制品的统称，是指以生牛（羊）乳或乳粉为原料，经杀菌、发酵后制成的pH值降低的产品，还包括风味发酵乳、酸乳和风味酸乳等。风味发酵乳是指以80%以上生牛（羊）乳或乳粉为原料，添加其他原料，经杀菌、发酵后pH值降低，发酵前或后添加或不添加食品添加剂、营养强化剂、果蔬、谷物等制成的产品。而酸乳是指以生牛（羊）乳或乳粉为原料，经杀菌、接种嗜热链球菌和保加利亚乳杆菌（德氏乳杆菌保加利亚亚种）发酵制成的产品。风味酸乳指以80%以上生牛（羊）乳或乳粉为原料，添加其他原料，经杀菌、接种嗜热链球菌和保加利亚乳杆菌（德氏乳杆菌保加利亚亚种）发酵前或后添加或不添加食品添加剂、营养强化剂、果蔬、谷物等制成的产品。

二、乳粉

乳粉是指以生牛（羊）乳为原料，经加工制成的粉状产品。乳粉又可分为全脂乳粉、脱脂乳粉、部分脱脂乳粉、调制乳粉、乳基婴幼儿配方食品和其他配方乳粉。

调制乳粉是指以生牛（羊）乳或其加工制品为主要原料，添加其他原料，添加或不添加食品添加剂和营养强化剂，经加工制成的乳固体含量不低于70%的粉状产品。

婴幼儿配方食品，根据婴幼儿年龄，可分为婴儿配方食品、较大婴儿和幼儿配方食品，分别针对0~6月、6~12月、12~36月的婴幼儿。

乳基婴儿配方食品指以乳类及乳蛋白制品为主要原料，加入适量的维生素、矿物质和（或）其他成分，仅用物理方法生产加工制成的液态或粉状产品。适于正常婴儿食用，其能量和营养成分能够满足0~6月龄婴儿的正常营养需要。

较大婴儿和幼儿配方食品是指以乳类及乳蛋白制品为主要原料，加入适量的维生素、矿物质和（或）其他成分，仅用物理方法生产加工制成的液态或粉状产品，适用于较大婴儿和幼儿食用，其营养成分能满足正常较大婴儿和幼儿的部分营养需要。

三、炼乳

炼乳具体分为淡炼乳、加糖炼乳和调制炼乳等。

淡炼乳是指以生乳和（或）乳制品为原料，添加或不添加食品添加剂和营养强化剂，经加工制成的黏稠状产品。

加糖炼乳是指以生乳和（或）乳制品、食糖为原料，添加或不添加食品添加剂和营养强化剂，经加工制成的黏稠状产品。

调制炼乳是指以生乳和（或）乳制品为主料，添加或不添加食糖、食品添加剂和营养强化剂，添加辅料，经加工制成的黏稠状产品。

四、乳脂肪

乳脂肪，顾名思义是将乳中的脂肪部分分离提取出而得到的产品，根据脂肪含量可分为稀奶油、奶油（黄油）和无水奶油（无水黄油）等。其中稀奶油是指以乳为原料，分离出的含脂肪的部分，添加或不添加其他原料、食品添加剂和营养强化剂，经加工制成的脂肪含量10.0%~80.0%的产品。奶油（黄油）是指以乳和（或）稀奶油（经发酵或不发酵）为原料，添加或不添加其他原料、食品添加剂和营养强化剂，经加工制成的脂肪含量不小于80.0%的产品。无水奶油（无水黄油）是指以乳和（或）奶油或稀奶油（经发酵或不发酵）为原料，添加或不添加食品添加剂和营养强化剂，经加工制成的脂肪含量不小于99.8%的产品。

五、干酪

干酪包括原制干酪、再制干酪等。

原制干酪一般直接称为干酪，是指成熟或未成熟的软质、半硬质、硬质或特硬质、可有涂层的乳制品，其中乳清蛋白与酪蛋白的比例不超过牛奶中的相应比例。成熟干酪是指生产后不能马上使（食）用，应在一定温度下储存一定时间，以通过生化和物理变化产生该类干酪特性的干酪。其中，霉菌成熟干酪是指主要通过干酪内部和（或）表面的特征霉菌生长而促进其成熟的干酪。未成熟干酪（包括新鲜干酪）是指生产后不久即可使（食）用的干酪。

再制干酪是指以干酪（比例大于15%）为主要原料，加入乳化盐，添加或不添加其他原料，经加热、搅拌、乳化等工艺制成的产品。

六、乳冰淇淋

冰淇淋是指以饮用水、乳和（或）乳制品、蛋制品、水果制品、豆制品、食糖、食用植物油等的一种或多种为原辅料，添加或不添加食品添加剂和（或）食品营养强化剂，经混合、灭菌、均质、冷却、老化、冻结、硬化等工艺制成的体积膨胀的冷冻饮品。

乳冰淇淋又分为全乳脂冰淇淋、清型全乳脂冰淇淋、组合型全乳脂冰淇淋、半乳脂冰淇淋、清型半乳脂冰淇淋、组合型半乳脂冰淇淋等。市场常见的还有软冰淇淋预拌粉。

全乳脂冰淇淋是指主体部分乳脂质量分数为8%以上（不含非乳脂）的冰淇淋；清型全乳脂冰淇淋是指不含颗粒或块状辅料的全乳脂冰淇淋，如奶油冰淇淋、可可冰淇淋等；组合型全乳脂冰淇淋是指以全乳脂冰淇淋为主体，与其他种类冷冻饮品和（或）巧克力、饼坯等食物组合而成的制品，其中全乳脂冰淇淋所占质量分数大于50%，如巧克力奶油冰淇淋、蛋卷奶油冰淇淋等。

半乳脂冰淇淋是指主体部分乳脂质量分数大于等于2.2%的冰淇淋；清型半乳脂冰淇淋，不含颗粒或块状辅料的半乳脂冰淇淋；组合型半乳脂冰淇淋，以半乳脂冰淇淋为主体，与其他种类冷冻饮品和（或）巧克力、饼坯等食物组合而成的制品，其中半乳脂冰淇淋所占质量分数大于50%。

软冰淇淋预拌粉是指采用乳粉、食糖为主要原料按照配方复配而成的，使用时加水后可用于即制即售软冰淇淋的粉状复配物。

七、其他乳制品

乳糖、乳清粉、乳清蛋白粉和酪蛋白等也属于乳制品的范畴。

乳糖是指从牛（羊）乳或乳清中提取出来的碳水化合物，以无水或含1分子结晶水的形式存在，或以这两种混合物的形式存在。

乳清是指以生乳为原料，采用凝乳酶、酸化或膜过滤等方式生产奶酪、酪蛋白及其他类似制品时，将凝乳块分离后而得到的液体。乳清粉是指以乳清为原料，经干燥制成的粉末状产品。乳清粉又可分为脱盐乳清粉和非脱盐乳清粉，脱盐乳清粉是指以乳清为原料，经脱盐、干燥制成的粉末状产品；非脱盐乳清粉是指以乳清为原料，不经脱盐，经干燥制成的粉末状产品。

乳清蛋白粉是指以乳清为原料，经分离、浓缩、干燥等工艺制成的蛋白含量不低于25%的粉末状产品。

酪蛋白是指以乳和（或）乳制品为原料，经酸法或酶法或膜分离工艺制得的产品，它是由α、β、κ和γ及其亚型组成的混合物。酪蛋白根据加工工艺可分为酸法酪蛋白、酶法酪蛋白和膜分离酪蛋白。酸法酪蛋白是指以乳和（或）乳制品为原料，经脱脂、酸化使酪蛋白沉淀，再经过滤、洗涤、干燥等工艺制得的产品；酶法酪蛋白是指以乳和（或）乳制品为原料，经脱脂、凝乳酶沉淀酪蛋白，再经过滤、洗涤、干燥等工艺制得的产品；膜分离酪蛋白是指以乳和（或）乳制品为原料，经脱脂、膜分离酪蛋白，再经浓缩、杀菌、干燥等工艺制得的产品。

第三节 不同乳制品的特征

一、液态乳

纯牛奶一般是指生牛乳只经过必须的灭菌而没有其他加工处理的牛奶，也是最多消费者选择的乳制品。一般而言，灭菌乳和巴氏杀菌乳都被称为纯牛奶。也可以根据保存方式将纯牛奶分为低温奶和常温奶。巴氏杀菌乳属于低温奶，灭菌乳属于常温奶。因为经过巴氏杀菌后，牛奶中各种有害微生物被杀灭，但保留了小部分无害或有益、较耐热的细菌或细菌芽孢，所以巴氏杀菌乳要在4℃左右的低温下保存，且只能保存3~10d，最多16d。巴氏杀菌乳一般采用"新鲜屋"屋顶包纸盒、玻璃瓶或塑料袋包装，并且须在包装上用汉字标注"鲜牛（羊）奶"或"鲜牛（羊）乳"。巴氏杀菌乳的加工一般要经过原料乳验收，牛乳的脱气、净化和标准化，均质，巴氏杀菌，冷藏，灌装，最后包装。

灭菌乳可以根据灭菌工艺分为超高温灭菌乳和保持灭菌乳，超高温灭菌乳（ultra high temperature treated，UHT）通常在135~150℃的温度下进行几秒钟的热处理，以破坏病原微生物和耐热孢子。超高温灭菌工艺可有效地对牛奶或以牛奶为来源的饮料进行消毒灭菌，因此，在无菌条件下包装时，它们应能保持很长一段时间（数年）不变质，可以确保安全地长期保存，并具有在存储过程中降低能源成本以及无须冷藏即可进行长途运输的额外优势。结合无菌包装，超高温灭菌乳由于在常温储存温度下稳定的货架期以及可能的分销潜力而在许多国家获得了广泛的接受和欢迎。保持灭菌乳则是采用较为传统的灭菌方式，将牛奶在密闭容器内加热到至少110℃，保持15～40min。灭菌乳的加工一般要经过原料乳验收，牛乳的脱气、净化和标准化，均质，超高温灭菌（或保持灭菌），最后无菌灌装。灭菌乳一般采用UHT无菌砖、无菌枕或百利包包装，并需在包装上用汉字标注"纯牛（羊）奶"或"纯牛（羊）乳"。全部用乳粉生产的灭菌乳应在产品名称紧邻部位标明"复原乳"或"复原奶"；在生牛（羊）乳中添加部分乳粉生产的灭菌乳应在产品名称紧邻部位标明"含××%复原乳"或"含××%复原奶"。

调制乳是液态乳中的另一大类，市面上常见的调制乳包括加入乳糖酶处理过的无乳糖或低乳糖牛奶，加入营养强化剂的各种高钙牛奶、儿童牛奶，以及加入糖、咖啡等不同风味物质经行调味的调制乳。全部用乳粉生产的调制乳应在产品名称紧邻部位标明"复原乳"或"复原奶"；在生牛（羊）乳中添加部分乳粉生产的调制乳应在产品名称紧邻部位标明"含××%复原乳"或"含××%复原奶"。

发酵乳、酸乳、风味发酵乳和风味酸乳一般被统称为发酵乳，也称酸奶。酸乳是通过保加利亚乳杆菌（*Lactobacillus bulgaricus*）和嗜热链球菌（*Streptococcus thermophilus*）的原共生培养物发酵牛奶而产生的产物，一些产品中也会加入辅助发酵的微生物，例如添加其他乳酸菌来提升最终产品的性状，例如嗜酸乳杆菌（*Lactobacillus. acidophilus*）、干酪乳杆菌（*Lactobacillus. casei*）和双歧杆菌属（*Bifidobacterium* spp.）。因此，国家标准中通过发酵阶段接种的菌种不同，分别定义了发酵乳和酸乳，酸乳只接种嗜热链球菌和保加利亚乳杆菌（德氏乳杆菌保加利亚亚种），发酵乳可接种多种菌种，一般会接种3种及以上。发酵乳和风味发酵乳，以及酸乳和风味酸乳的区别主要在于原料中生牛（羊）乳或乳粉的含量。风味发酵乳、风味酸乳中生牛（羊）乳或乳粉的含量只需达到80%以上即可。此外，发酵乳和酸乳的蛋白质含量应≥2.9%，而风味发酵乳和风味酸乳的蛋白质含量只需≥2.3%。酸奶的加工一般经过了原料乳预处理、标准化、均质、杀菌、冷却、接种、装罐、发酵，最后冷却后熟。发酵后经热处理的产品应标识"××热处理发酵乳""××热处理风味发酵乳""××热处理酸乳/奶"或"××热处理风味酸乳/奶"。

市面上常见的发酵乳还可以按照质地分为凝固型和搅拌型。凝固型是在包装容器中直接进行发酵，发酵完成后在包装容器中形成凝乳状；搅拌型则是发酵后进行搅拌，再分装进包装容器中。

发酵乳是一种非常受欢迎的乳制品，由于其高营养价值、令人愉悦的口感、独特的质地和可被广泛认同的安全性而被人们大量食用。发酵过程提升了发酵乳的营养价值，使其维生素B、共轭亚油酸（conjugated linoleic acid，CLA）和生物活性肽的含量高于牛奶和其他未发酵乳制品。食用发酵乳带来的健康上的益处与发酵乳中不同的微生物及其代谢产物有关，如蛋白质、钙、镁和维生素D。此外，发酵乳半固体的结构和它的黏度可能有助于增强其在健康上的益处。

二、乳粉

乳粉主要包括全脂（脱脂或部分脱脂）乳粉、调制乳粉、乳基婴儿配方食品和乳基较大婴儿与幼儿配方食品。其中，乳粉的原料中只含生牛（羊）乳，调制乳粉的原料中一般还含有其他成分，只需最终乳固体含量不低于70%。质量好的乳粉冲调性优越，冲调迅速，无结块，奶香浓郁，色泽均一。

乳基婴儿配方食品和乳基较大婴儿与幼儿配方食品是为婴幼儿设计的用于替代母乳的配方食品，原则上成分应尽可能地接近母乳。由于牛乳和母乳的差异，一般需要额外添加乳清蛋白、乳糖、亚油酸（linoleic acid，LA）和α-亚麻酸（α-linoleic acid，ALA）、维生素A、维生素D、维生素E、维生素K_1、维生素B_1、维生素B_2、维生素B_6、维生素B_{12}、烟酸、叶酸、泛酸、维生素C、生物素、钠、钾、铜、镁、铁、锌、锰、钙、磷、碘、氯、硒、胆碱、肌醇、牛磺酸、左旋肉碱、二十二碳六烯酸（docosahexaenoic acid，DHA）、二十碳四烯酸（arachidonic acid，ARA）等。

乳粉的加工一般要经过原料调配、标准化、杀菌、浓缩、均质、干燥这几步。乳粉有4个方面的优点。一是容易强化，可以根据不同人群的需要制作成不同的乳粉，如乳基婴幼儿配方食品、老年人配方乳粉等。这是由于牛奶水分经蒸发后变成了粉末，很容易强化。许多调制乳粉都添加了维生素、钙、铁等，因此每天食用这些调制乳粉更容易达到这些营养素的每日推荐量。二是相对而言乳粉性价比更高。一瓶鲜牛奶的价格甚至可以买到整袋的奶粉，一袋奶粉往往可以冲泡出几十杯牛奶，这就使预算紧张的家庭也可以负担得起，可以更好地满足更多人的需求。三是在烘焙食品中乳粉可以发挥很大的作用，它不像牛奶会增加配方中液体的量，而可以以粉末形式添加或重新配制成任意浓度的溶液添加，从而在烹饪过程中提供了更多的功能性。四是乳粉很容易携带，大多数乳粉产品都保存在一个密闭的容器中，因此人们可以方便地将它带到其他地方，并在需要时使用。

三、炼乳

炼乳呈半流体状态，是鲜乳经真空浓缩除去大部分水分而制成的。炼乳包括淡炼乳、加糖炼乳和调制炼乳等。炼乳的加工一般需要经过原料乳验收、预处理、预热杀菌、（加糖、）真空浓缩、冷却结晶、罐装等步骤。炼乳加工过程中乳糖（牛奶中的糖）会发生焦糖化，从而提供独特的颜色和风味。甜炼乳是在制作过程中加入原料乳质量的16%的糖，去除原体积60%的水分，再经冷却、乳糖结晶而成。比起牛奶，加入糖可以大大延长甜炼乳的货架期，市场上的甜炼乳大多可以在不冷藏的情况下长时间保存在罐中，通常长达一年，但是一旦打开包装，就必须将其保存在冰箱中，并且其保质期将缩短至两周左右。甜炼乳在世界各地广泛地用于各种不同的食品和饮料，包括烘焙食品、甜点、咖啡。其浓厚而顺滑的质地和甜味使其成为甜点的极佳成分，在东南亚，人们常常将甜炼乳加入到冷热咖啡中以增加风味。甜炼乳还可以用于制作冰淇淋和蛋糕。

淡炼乳则是不另外加入糖，并去除原料乳原体积大约65%的水分。淡炼乳较新鲜乳营养价值损失不多，而且淡炼乳中的酪蛋白和脂质更易消化吸收，这是由于经过均质加工过的脂肪球体积更小，以及加工过程使酪蛋白发生软凝块变化。作为浓缩乳的一种，淡炼乳比新鲜牛奶具有更高的营养浓度，这使其具有独特的奶油般的质地，它还具有较高的矿物质含量。

四、乳脂肪

乳脂肪，顾名思义是将乳中的脂肪部分分离提取出而得到的产品，根据脂肪含量可分为稀奶油、奶油（黄油）和无水奶油（无水黄油）等。

稀奶油的加工需要经过原料乳验收、预处理、分离、稀奶油标准化、中和、杀菌、冷却、（发酵、成熟、）搅拌、排酪乳、洗涤、加盐、压炼，最后包装。市面上的稀奶油可根据乳脂含量细分为半奶油（half and half）、一次分离奶油（single cream、light cream）、搅打型稀奶油（whipping cream）、重奶油（heavy cream）、双重奶油（double cream）、凝脂奶油（clotted cream）、酸奶油（sour cream）和法式酸奶油（crème fraîche）。

半奶油乳脂的含量在10.5%~18%，一般为12%。半奶油是一半全脂牛奶和一半奶油的混合物，通常用于咖啡制作。半奶油不能被打发，但是在许多食谱中，它可以代替搅打型稀奶油或重奶油来减少烹饪中加入的脂肪。

一次分离奶油乳脂含量在18%~30%，一般为20%，一次分离奶油脂肪含量较低，打发时不会变稠。和半奶油用途相似，一般用于甜味和咸味菜肴，也称为咖啡奶油或食用奶油，是市面上最常见的奶油。

搅打型稀奶油乳脂含量为30%，搅打型稀奶油中含足够的乳脂，使其在打发时变稠。不像重奶油那样容易打发，但可以很好地用作顶层装饰和馅料。现在几乎所有的搅打型稀奶油都经过了超高温灭菌，通过杀死细菌和钝化酶活性来大大延长其保质期。

重奶油乳脂含量在36%~38%，重奶油比搅打型稀奶油更加稠，很好打发，并且能很好地维持形状，打发成体积的两倍大。

双重奶油乳脂含量为48%。

凝脂奶油乳脂含量在55%~60%，也称为devonshire或devon cream。它是一种厚重、浓郁、淡黄色的奶油，具有加热或煮熟的风味。常在传统英式下午茶中搭配茶和司康食用。

酸奶油和酸奶类似，是奶油中添加乳酸菌发酵后得到的有酸味的略厚重的奶制品。美国食品药品监督管理局对酸奶油有明确的规定，市售酸奶油的产品中乳脂含量需大于等于18%。

法式酸奶油是一种熟成的、厚重的奶油，具有轻微的刺激性气味、坚果的风味，以及丰盈的天鹅绒般的质感。厚重范围可以从与市售酸奶油类似到几乎和人造黄油一样坚硬。在法国，奶油未经巴氏杀菌，因此含有自然发酵所需的细菌。它被用作甜点顶饰和烹饪酱汁和汤，其优点是煮沸时不凝结。

黄油是通过搅拌奶油而发生水相转化而形成的，其加工过程由稀奶油巴氏杀菌、浓缩、离心分离、真空干燥组成。黄油的货架期很长，在冷藏条件下可以储存长达一年。黄油中的脂肪含量在80%以上，脂肪含量大于99.8%时称为无水黄油。黄油还可以根据其他分类依据分为咸黄油、无盐黄油、巴氏灭菌黄油和冷藏黄油。三酰基甘油是乳脂的主要成分（约占98%），其次是二酰基甘油（约占0.3%）、单酰基甘油（痕量）、磷脂（约占0.3%）、固醇（约占0.3%）、游离脂肪酸（约占0.1%），以及蜡、角鲨烯和类胡萝卜素。黄油中有益健康的成分包括共轭亚油酸、鞘脂、丁酸、肉豆蔻酸和维生素。

共轭亚油酸是一组天然存在的十八碳脂肪酸，以一个反式几何构型包含一个或多个双键，具有生物活性。乳脂中共轭亚油酸主要的异构体是顺式-9、反式-11共轭亚油酸（占总共轭亚油酸的75%~90%），其次是反式-7、顺式-9的共轭亚油酸（占总共轭亚油酸的5%~10%）。乳脂是最丰富的共轭亚油酸天然饮食来源，含量为2.4~28.1mg/g脂肪，而在黄油中，共轭亚油酸含量为5.5~6.5mg/g脂肪。由于共轭亚油酸是在瘤胃中通过发酵过程中酯键的水解和多不饱和脂肪酸（polyunsaturated fatty acid，PUFA）的生物加氢而形成的，因此顺式-9、反式-11-18：2异构体也称为反刍动物酸。

鞘脂是黄油中存在另一类功能性成分，包括神经酰胺、鞘磷脂、脑苷脂、硫苷脂和神经节苷脂。鞘脂主要存在于乳脂球膜中，低脂、脱脂和全脂乳制品都是这些化合物的良好来源。鞘磷脂约占乳品脂肪中总磷脂的1/3。鞘氨醇被消耗后，鞘磷脂酶将鞘磷脂转化为神经酰胺，进一步将神经酰胺消化成鞘氨醇和游离脂肪酸，然后被吸收。

丁酸是一种四碳短链脂肪酸，它在牛奶脂肪和黄油中的含量超过3%，它们的存在归功于反刍动物肠道中微生物利用膳食纤维进行厌氧发酵。丁酸及其盐的阴离子部分（即丁酸阴离子）主要对肠道和邻近组织有益。肉豆蔻酸是一种长链饱和脂肪酸（14：0）是乳脂中含量最高的脂肪酸之一（超过10%）。这种脂肪酸是已知的会在体内积聚脂肪的一种脂肪酸，但是它也会对心血管健康产生积极影响——在很大程度上受饮食中饱和脂肪酸和饮食中简单碳水化合物（单糖、二糖）之间的平衡的影响。黄油也是脂溶性维生素的重要载体。维生素D通过促进肠道对钙的吸收并作用于骨骼矿化作用，对维持钙稳态和骨骼完整性至关重要。黄油是富含维生素D的食物之一。

五、干酪

干酪，一般也被称为奶酪，是地球上最受欢迎的乳制品之一，奶酪的起源传说也是食品史上最快乐的故事之一。奶酪很可能是一个牧民发现的，他将一些新鲜的牛奶存储在绵羊胃制成的小袋中，之后打开，发现液体变成了脂肪丰富的凝乳（连同一些可以喝的乳清）。在像牛和羊这样的反刍动物中，第四个胃里存在着凝乳酶，凝乳酶是一种天然酶，可凝结牛奶，将其分解为固体凝乳和液态乳清。

要制作奶酪，真正需要的只是3种原料：牛奶、盐和分泌凝乳酶的微生物。添加到牛奶中的特定微生物菌株在使每种奶酪形成独特风味方面起着重要的作用。当这3种成分混合在一起时，凝乳酶会立即开始与牛奶反应。在凝乳酶或其他适当的凝乳剂的作用下，乳、脱脂乳、部分脱脂乳、稀奶油、乳清稀奶油、酪乳中的一种或几种原料的蛋白质凝固或部分凝固，并排出凝块中的部分乳清。这个过程是乳蛋白质（特别是酪蛋白部分）的浓缩过程，即奶酪中蛋白质的含量显著高于所用原料中蛋白质的含量；只需沥干乳清，将凝乳压缩在一起，就会得到奶酪。尽管所有类型的奶酪都使用相同的成分，但是奶酪的加工方式决定了奶酪的最终质地、口味和外观。某些类型的奶酪口感温和，呈黄油状；而某些硬质奶酪则具有强烈的坚果风味。

奶酪的品种很多，国家标准根据加工方法将奶酪分为成熟奶酪、霉菌成熟奶酪、未成熟奶酪和再制奶酪。奶酪还可以根据质地分为硬奶酪、半硬奶酪、软奶酪。硬奶酪是一种非常坚硬的奶酪，具有低水分含量和丰富、浓厚、有时有坚果味的风味。

硬奶酪类别可分为两个子类别：硬奶酪，如帕玛森（Parmesan）；

半硬奶酪，如切达（Cheddar）或高达（Gouda）。

要制作硬质奶酪，需要从凝乳中沥干大部分乳清，然后将奶酪制成称为"圆角"的大圆柱。在持续2~36个月的成熟过程中，奶酪筒上会形成厚厚的皮。归功于成熟的过程，随着奶酪筒变硬，更多的水分蒸发，奶酪的风味增强。帕玛森奶酪中有一种称为Parmigiano-Reggiano的奶酪，是指来自意大利帕尔马、雷焦和博洛尼亚省的帕玛森奶酪，是最受欢迎的硬奶酪类型之一，通常用于意大利菜肴中，并切成薄片洒在凯撒沙拉上。这种淡黄色的硬质奶酪被称为"奶酪之王"，具有浓郁的坚果味和略带沙砾的质感。1oz[①]帕玛森奶酪的硬奶酪中含有7g脂肪，10g蛋白质和336mg钙，能达到钙的建议每日摄入量（recommended dietary intake，RDI）的33%。

世界上一些最受欢迎的奶酪都具有半硬质感。几乎所有半硬奶酪品种都在质地、口味和水分之间保持良好的平衡。大多数半硬奶酪的成熟时间在1~6个月，与硬奶酪一样，它们的成熟时间越长，味道就越浓烈。一些很受欢迎的半硬奶酪，像是高达奶酪和伊顿奶酪（Edam），成熟后形成了红色的外皮。另一些半硬奶酪，像是切达奶酪和红莱斯特奶酪（Red Leicester）则质地略脆，并且融化性很好。

高达奶酪是一种很受欢迎的半坚硬的淡黄色奶酪，具有红色的外皮，起源于荷兰。有多种方法可以制作这种口味温和的奶酪。奶酪制造商使用牛奶或羊奶制作出具有甜和坚果味道的奶酪。高达奶酪在红色外皮蜡中成熟，时间从一个月到三年不等。成熟过程中，高达奶酪的颜色也在变化，年轻的奶酪为浅黄色，而较陈年的奶酪

---

① 1oz＝28.350g。

为深黄色且味道更浓。

切达奶酪是最著名的英国奶酪，也被评为世界上最受欢迎的奶酪。切达在同名的英国小镇生产，并在切达峡谷（Cheddar Gorge）洞穴中存放。将诸如辣椒粉的自然色添加到切达奶酪中，可使其具有鲜明的橙色。但是，也有浅黄色或中等黄色的切达奶酪。与所有种类的奶酪一样，切达奶酪含有大量的钙，1oz能满足RDI的20%。

软奶酪通常具有奶油般的质地和黄油般的口感，一般不用于烹饪。许多软奶酪所含的脂肪要少于坚硬的奶酪（如切达奶酪或伊顿奶酪，脂肪含量最高可以达到55%）。通常，软奶酪比某些辛辣的硬奶酪或蓝纹奶酪的味道温和。布里奶酪（Brie）和卡门贝尔奶酪（Camembert）是两种最受欢迎的软奶酪。

布里奶酪是法国奶酪，口感温和略带泥土味。在加工过程中，通过微生物发酵使布里奶酪成熟4~5周。这有助于布里奶酪具有独特的白色可食用霉菌皮，也有助于保持这种软奶酪的形状。通常，大多数奶酪拼盘都包括布里奶酪，因为它可以与葡萄干、水果、火腿和葡萄酒等多种食材搭配食用。与许多全脂奶酪一样，布里奶酪也是蛋白质、钙和其他营养素的良好来源。

传统的卡门贝尔奶酪是在法国诺曼底地区生产的。卡门贝尔奶酪和布里奶酪之间的区别之一是，卡门贝尔奶酪的形状比布里奶酪小。随着卡门贝尔奶酪的成熟，它的外皮变厚，香气比布里乳酪更刺鼻。卡门贝尔奶酪是一种美味的奶酪，可以热食。烤过的卡门贝尔奶酪圆角会呈现出奶油质地，当切开时会渗出柔软和奶油状的奶酪。卡门贝尔奶酪也属于"白霉奶酪"类别。

此外，还有一种半软质奶酪，一般很难归类为"软奶酪"或"半软奶酪"的奶酪品种。通常，它们被描述为半软质的奶酪的类型，介于诸如切达奶酪的半硬奶酪和诸如布里奶酪的软奶酪之间，如马苏里拉奶酪。马苏里拉奶酪可能是世界上最受欢迎的奶酪，因为它通常用于大多数比萨饼和千层面。制作马苏里拉奶酪的传统方法是使用水牛乳，这使柔软的白色奶酪具有浓郁的奶油味。来自牛奶的马苏里拉奶酪比真正的水牛马苏里拉奶酪风味和甜度更低。马苏里拉奶酪的一个特点是，它十分容易融化，融化后变得非常有"弹力"。一些生产商还使用羊奶或山羊奶制作新鲜的马苏里拉奶酪。马苏里拉奶酪通常在包装中加入盐水或乳清水一起出售，以保持形状和新鲜度。

除了以质地为指标对奶酪进行分类，我们通常还可以通过奶酪成熟过程中是否借助霉菌的力量来进行分类，在这里我们着重介绍霉菌成熟奶酪，包括蓝霉奶酪和白霉奶酪。

蓝霉奶酪，也叫作蓝纹奶酪，是一种霉菌成熟奶酪。人们对蓝纹奶酪的接受度差异非常大。蓝纹奶酪是被遗忘在法国Roquefort村附近的一个山洞中后又被偶然发现的。洞穴中自然生长的霉菌（*Penicillium roqueforti*）感染了奶酪。值得庆幸的是，奶酪仍然可以食用，并且具有刺激的、浓郁的口感。如今，大多数发霉的蓝纹奶酪都使用相同类型的霉菌来给予这种奶酪风味和颜色。这种奶酪有白色和蓝色两种颜色，具有刺激的香气和风味，许多人需要慢慢习惯这种味道。大多数蓝纹奶酪具有易碎的质地和黄油般的稠度。蓝纹奶酪的口味可以从温和到刺激而浓郁。奶酪圆角需要3～6个月的时间才能熟透，并且人们会将它们插入类似烤串的模具，在内部进行霉菌接种，使奶酪变蓝。尽管人们可能会害怕吃"发霉的"食物，但有一些证据表明它可能对健康有益。一项研究发现，蓝纹奶酪中的霉菌可能改善心血管健康并抑制胆固醇形成。

白霉奶酪类别中的大多数类型的奶酪也是软奶酪，上面提到的布里和卡门贝尔奶酪是最著名的白霉奶酪。它们从外到内成熟，因此内层可能比外层更细腻。这些奶油质地的奶酪的显著特征是有着稀薄的白色发霉外皮。在短暂的成熟过程中，软质奶酪会暴露于特定的霉菌菌株中，例如卡门贝尔青霉（*Penicillium camemberti*），这种霉菌从外部起作用，将脂肪转化为称为酮的芳香族化合物，产生的酮为卡门贝尔奶酪带来蘑菇般的气味。

再制干酪是我国市面上非常常见的一类"奶酪"，奶酪爱好者一般认为这种再次加工的奶酪产品不是真奶酪。这些产品包含奶酪的许多元素，如牛奶、乳脂、乳清蛋白、盐、乳酸，但它们不是经传统奶酪制作工艺或类似工艺制作的结果。市面上的再制干酪一般会向奶酪中添加乳化剂、稳定剂辅料，调整奶酪的口味。再制干酪没有上述天然干酪的强烈气味，这使它更容易被消费者所接受。市场上的再制干酪绝大多数采取适合一人食用小包装，包括独立片装、小罐装。市面上常见的再制干酪有着丰富多样的口味，包括蘑菇味、披萨味、草莓味、蓝莓味等，这是将奶酪与其他风味物质结合而成的。

奶油奶酪是烘焙中非常常见的一类再制奶酪，它是通过将牛奶和奶油混合制成的。奶油奶酪是一种柔软、易于涂抹的奶酪，并具有浓郁的奶油味。当费城的奶牛场最初开始生产这种白色新鲜奶酪时，奶油奶酪成为一种流行的奶酪。实际上，奶油奶酪通常被称为"费城奶酪"。奶油奶酪通常用于三明治中，涂在百吉饼上，用作蘸料，也是芝士蛋糕中的主要成分。

奶酪是蛋白质、脂质、维生素和矿物质等重要营养素的丰富来源，是健康饮食不可或缺的一部分。奶酪通常被归类为高脂肪含量的乳制品，然而，一些相关性研究发现奶酪消费与心血管疾病之间没有相关性。奶酪制作的最初目的是将牛奶加工成稳定且可储存的产品。如今，奶酪的消费主要基于满足人们的感官嗜好，并且贡献必需的营养素。奶酪的蛋白质可以充当生物活性分子的前体。在奶酪成熟期间，酪蛋白会被来自牛奶、凝乳酶、发酵剂和次级微生物菌群的蛋白酶和肽酶水解为多种肽。这些肽的某些结构类似于内源性肽，而内源性肽在生物体中作为激素或抗生素起着至关重要的作用。在成熟过程中产生的这些肽可以在胃肠道消化后存留下来，或作为最终肽形式的前体，可以像内源肽一样与相关的受体相互作用，并在生物体中发挥激动或拮抗作用。例如，它们可以与胃肠道的受体相互作用，促进矿物质吸收或被吸收并到达血液。尽管食源肽经口消化后吸收的可能性很小，但是越来越多的医学研究证据表明，一些生物效应和这些肽的摄入有关。奶酪制作的成熟过程还生成了除了肽以外的生物活性化合物，如胞外多糖、脂肪酸、有机酸、维生素、γ-氨基丁酸（GABA）和共轭亚油酸。其中某些化合物可以抑制血管紧张素转化酶（ACE），并表现出抗氧化活性、抗菌活性、抗增殖活性和抗高血压活性。这些生物活性可以通过降低心血管疾病相关风险因素的发生率来保护我们的身体健康，这些风险因素包括肥胖症、血脂异常和2型糖尿病，它还可以通过降低代谢综合征的发生率来起到保护健康的作用。

除了提供能量以外，奶酪还给人体提供相对高浓度的必需营养素。由于硬奶酪、半硬奶酪、软奶酪中的成分有所区别，其精确的营养成分含量受所用牛奶的类型、制造过程和成熟时间的影响。奶酪制造过程中，牛奶中大部分的乳糖随着乳清的析出而被去除，奶酪凝乳中残留的乳糖通常由发酵菌发酵为乳酸。除了新鲜的奶酪外，大多数奶酪都不含或仅含有微量乳糖。因此，乳糖不耐症的人可以食用奶酪，而且不会产生不良的反应。

奶酪的脂肪含量取决于所用的牛奶、生产方法和所生产奶酪的类型。从营养的角度来看，不同奶酪品种中脂肪的消化率在88%～94%。奶酪脂肪通常包含约66%的饱和脂肪酸（saturated fatty acid，SFA），其中棕榈酸占57.4%，其次是肉豆蔻酸（21.6%）和硬脂酸（17.6%），30%单不饱和脂肪酸（monounsaturated fatty acid，MUFA）和4%多不饱和脂肪酸（PUFA）。因此，奶酪是脂质和饱和脂肪酸的重要饮食来源。一些研究表示饱和脂肪酸会损害人们的健康，因为饱和脂肪酸可能会影响血脂中的胆固醇水平。中链饱和脂肪酸（月桂酸C12：0，肉豆蔻酸C14：0，棕榈酸C16：0）比长链饱和脂肪酸（硬脂酸C18：0）更容易使血浆总胆固醇升高。此外，硬脂酸是奶酪中饱和脂肪酸的重要成分，可迅速转化为单不饱和脂肪酸中的油酸C18：1，油酸被认为是饮食中健康的脂肪来源之一，与心血管疾病风险无关。还有值得注意的一点是，一些饱和脂肪酸在通过蛋白质乙酰化的细胞调节过程、基因表达、遗传调控、多不饱和脂肪酸的生物利用度调节和脂肪沉积中起着重要的作用。

奶酪的胆固醇含量来自乳脂，视奶酪种类而定，从10mg/100g到100mg/100g不等。此外，与膳食饱和脂肪酸相比，膳食胆固醇对血液胆固醇水平的影响要小得多。膳食胆固醇作为生命必需的细胞膜、胆汁盐和类固醇激素的前体，对人体至关重要。一些研究认为每天摄入100mg胆固醇属于健康饮食的一部分。此外，当评估乳制品导致动脉粥样化和血栓的指数时，研究发现膳食中的胆固醇不仅提高了导致动脉粥样化的低密度脂蛋白含量，也提高了抗动脉粥样化的高密度脂蛋白含量。

共轭亚油酸天然存在于牛奶中，是脂肪酸牛瘤胃中生物氢化不完全而形成的。通常，饮食脂质在瘤胃中迅速水解，并且所得的游离多不饱和脂肪酸被微生物进行生物氢化。因此，饮食脂质一部分被瘤胃吸收，另一部分在胃肠道吸收，从而使共轭亚油酸进入乳腺和乳脂中。参与后续奶酪中共轭亚油酸形成的因素，包括加工条件、生奶成分和先前的发酵时间。

牛奶中的大多数脂溶性维生素都在奶酪脂肪中得到保留。由于乳清的去除，奶酪中水溶性维生素的浓度通常低于其在牛奶中的浓度。奶酪中存在的主要维生素是核黄素、维生素B_{12}、烟酸、叶酸和维生素A。例如50g切达奶酪可为男性提供维生素A RNI的28%，为女性提供维生素A RNI摄入量的32%。这一点尤其重要，因为维生素A具有多种生物学功能，如刺激免疫系统、调节基因表达和维持弱光视力。

奶酪还是多种矿物质的重要来源，尤其是钙、锌、磷和镁。奶酪中的钙和磷水平远远高于牛奶，软奶酪中的钙和磷含量是牛奶中的4~5倍，半硬奶酪中是7~8倍，硬奶酪中高达10倍。实际上，一份50g的硬奶酪可提供约400mg钙，几乎达到1~10岁儿童钙每日推荐摄入量的100%。此外，膳食中合适的钙磷比很重要，因为钙和磷是一起以一种高生物利用度的形式被消化的，奶酪中钙磷比例合适，能保证钙的总分吸收。

奶酪含有高含量的具有生物价值的蛋白质，根据奶酪品种的不同，其含量在4%（奶油奶酪）和40%（帕玛森奶酪）之间。同样的，奶酪中蛋白质的营养价值在奶酪制造过程中不会改变。奶酪蛋白质几乎可以被完全消化，因为奶酪制造的成熟阶段涉及酪蛋白逐渐分解为水溶性肽，其中许多具有生物活性和游离氨基酸。这些肽只有在通过蛋白水解作用从其母体蛋白释放后才具有活性，并且可以发挥多种活性，如抗高血压、抗氧化、抗菌和免疫调节。此外奶酪的赖氨酸含量很高，由于奶酪加工过程中不会发生美拉德反应，赖氨酸在奶酪中具有较高的生物利用度。

六、乳冰淇淋

冰淇淋是颇受欢迎的乳制品之一。冰淇淋是以饮用水、乳品（蛋白质含量高于2%）、蛋品、甜味料、食用油脂等为主要原料，加入适量香料、稳定剂、着色剂、乳化剂等食品添加剂，经混合、灭菌、均质、老化、凝冻等工艺或再经成形、硬化等工艺制成的体积膨胀的冷冻饮品。冰淇淋的构造很复杂，气泡包围着结晶连续向液相中分散，在液相中含有固态脂肪、蛋白质、不溶性盐类、乳糖结晶、稳定剂、溶液状蔗糖、乳糖、盐类等，即由液相、气相、固相等三相构成。乳冰淇淋主要根据乳脂的含量分为全乳脂冰淇淋和半乳脂冰淇淋，全乳脂冰淇淋主体部分的乳脂含量要求达到8%以上，半乳脂冰淇淋则是2.2%。此外，根据是否与其他食物组合，又将这两种冰淇淋细分为清型和组合型。清型冰淇淋不含颗粒或块状辅料，组合型冰淇淋一般与其他种类冷冻饮品和（或）巧克力、饼坯等食物组合而成，组合型冰淇淋中冰淇淋所占的质量分数要大于50%。

常见的清型全乳脂冰淇淋有奶油冰淇淋、可可冰淇淋等；清型半乳脂冰淇淋有香草半乳脂冰淇淋、橘味半乳脂冰淇淋、香芋半乳脂冰淇淋等。

常见的组合型全乳脂冰淇淋有巧克力奶油冰淇淋、蛋卷奶油冰淇淋等。组合型半乳脂冰淇淋有脆皮半乳脂冰淇淋、蛋卷半乳脂冰淇淋、三明治半乳脂冰淇淋等。

适量食用冰淇淋会带来一些健康益处，由于它包含蛋白质、碳水化合物、钙、磷、脂质、维生素A、维生素B_1、维生素B_2、维生素B_6、维生素C、维生素D、维生素E和维生素K以及其他矿物质，因此可以认为冰淇淋是具有很高营养价值的完整食品。但由于其中游离糖较多，食用时需要注意适量。

某些手术后（如扁桃体的摘除和正畸手术）患者可能会被建议食用冰淇淋；冰淇淋也常被推荐给胃食管反流和化疗的人。

许多冰淇淋中额外添加了分离乳清蛋白，这样做的一个好处是会增加冰淇淋中的色氨酸含量。这种氨基酸在5-羟色胺生成中起着核心作用。5-羟色胺可以调节几种大脑功能，如情绪、攻击性、冲动性、昼夜节律和食欲。一些研究表明，将含有高色氨酸值的α-乳白蛋白添加到冰淇淋或其他产品中，可以增加脑部5-羟色胺的活性，降低皮质醇浓度，改善压力下的情绪并调节睡眠时间。一些研究表明，食用香草冰淇淋有神经激活作用，冰淇淋对负责愉悦和幸福感的大脑部分有直接作用。这与日常生活中消费者在食用冰淇淋时有着良好的感觉这一现象相印证。

七、其他乳制品

乳清是用酸、热或凝乳酶对牛乳进行凝乳处理时分离出的水质部分，是一种总固体含量在6.0%~6.5%的不透明的浅黄色液体。乳清是制造干酪时的副产物，主要成分为乳糖，乳清粉由乳清经浓缩、干燥后得到。

酪蛋白是由脱脂乳经酸或皱胃酶凝乳制得，温度为20℃时，将脱脂乳的pH值调至4.6，沉淀下来的蛋白质就是酪蛋白。酪蛋白是牛乳中的主要蛋白质组分，浓度大约为2.6g/L，它约占牛乳总蛋白质的80%。酪蛋白具有很好的热稳定性。牛乳酪蛋白包含4种类型的蛋白质单体：αS1酪单白（约38%）、αS2酪单白（约10%）、β酪单白（约34%）和κ酪蛋白（约15%）。市面上的酪蛋白一般为这几种酪蛋白的复合物。

第三章　奶业生产与消费概况

第一节　奶业生产情况

一、我国奶类生产得到持续发展

2019年，我国奶类总产量约为3 307万t[①]，其中生鲜乳产量3 201.00万t，比2018年增加约127万t，同比增长4.1%，创阶段性新高。回顾我国奶类发展的40年，奶业生产发展可以概括为3个重要的阶段。第一阶段是1978—1996年的稳定增长期，此阶段从全国奶牛存栏不到50万头、奶类产量不足100万t发展到1996年奶牛存栏数量447万头、奶类总产量735.9万t。第二阶段是1997—2007年，奶业进入高速发展的黄金10年，跨入奶业大发展时期，奶类产量在2001年、2004年、2006年分别跨过1 000万t、2 000万t、3 000万t大关。第三阶段的开始是2008年"三聚氰胺"婴儿配方粉事件，使处于发展快车道上的中国奶业转入"寒冰期"，造成企业诚信、奶农养殖信心、消费信心、政府公信力四大危机。此后奶类总产量始终徘徊在3 100万~3 300万t，奶类消费增量90%以上来自进口。

---

① 2019年奶类总产量统计数据尚未公布，2019年全国牛奶产量3 201万t，2018年牛奶产量占奶类总产量的96.8%，按该占比推算，2019年全国奶类总产量约3 307万t。

从2019年的生产布局上看，内蒙古、黑龙江、河北生鲜乳产量分别为577.2万t、465.2万t、428.7万t，各占当年我国生鲜乳总产量的18.0%、14.5%、13.4%，排名前十的省份总产量占全国生鲜乳总产量的82%。

二、奶牛养殖规模化和机械化程度不断提高

当前，我国奶业生产方式已经发生重大转变，过去散户养殖和小规模养殖逐渐退出，标准化规模化养殖已占据主导，奶牛养殖规模化程度继续提高，中国奶牛在规模养殖场（即存栏量100头以上的奶牛养殖场）里的比例从2008年的20%上升到2018年的60%以上，来自规模化牧场的奶源占比达70%以上；据农业农村部监测数据，2019年100头以上的奶牛标准化规模养殖场比重占64.0%，同比提高2.6%；预计2020年奶牛规模化养殖比重将近70%。我国奶牛养殖机械化水平同步提高，表现在奶牛养殖饲喂、繁殖监控、环境监控、挤奶、生鲜乳运输方面的快速发展，互联网、云技术和大数据等新技术的引入，提高了机械化智能化水平。据测算，奶牛规模养殖综合机械化率达82.4%。2018年，全国规模养殖场机械化挤奶率达到100%，93%的牧场配备全混合日粮（total mixed ration，TMR）搅拌车。

三、奶牛单产水平不断提高

近年来，我国奶牛单产水平不断提高，2018年，中国奶牛平均单产7.4t，比2008年提高了2.6t，更有很多规模牧场平均单产已经突破10t，接近以色列、美国等世界最高单产水平。此外，机械化、信息化装备和关键技术的应用，大幅提高了生产效率，部分规模奶牛场通过奶牛生产性能测定，分析原料奶产量和成分，科学配置奶牛日

粮，改进饲养管理措施，既有效节约了饲养成本，又提高了奶牛生产水平和经济效益。2018年，全国万头以上奶牛养殖企业40家，奶牛存栏量200万头，平均单产9t，产奶量超过900万t，占全国供奶量1/3。

四、质量安全水平提高

伴随规模化养殖，我国生鲜乳质量安全也得以提升。据《2019中国奶业质量报告》，2018年，全国生鲜乳抽检合格率达到99.9%，比同期农产品的抽检合格率高2.4个百分点，比全国食品总体抽检合格率高2.3个百分点，三聚氰胺等违禁添加物抽检合格率保持在100%。经过11年生鲜乳持续监测计划实施，我国生鲜乳质量安全目前处于历史最好水平。我国生鲜乳的卫生指标已达到国际先进水平，两个用于衡量生鲜乳质量安全的通用指标菌落总数和体细胞数均持续下降，2018年全国监测数据平均值菌落总数是29.5万CFU/mL，明显低于美国、日本等国家50万CFU/mL的标准，体细胞监测数据的平均值为33.04万，也显著低于美国75万和欧盟40万的标准。我国生鲜乳的营养品质也在稳定提升，2018年全国生鲜乳抽检结果显示，乳脂肪和乳蛋白的平均值分别达到3.84g/100g和3.25g/100g，各高出国家标准0.74个百分点、0.45个百分点，作为两个衡量牛奶营养品质的重要指标结果表明，全国的生鲜乳中乳脂肪、乳蛋白的监测平均值逐年提高，与其他国家相比，已经达到了美国、加拿大等国家的水平。

五、乳制品加工实力增强

2000年以来，我国乳制品工业总体规模快速增长，据国家统计局数据，2019年，全国规模以上乳制品企业累计总产量2 719.4万t（图3-1），同比增长1.2%，其中，液态奶和乳粉产量分别为2 537.7

万t、105.2万t，同比各增长了1.0%、8.0%。国家统计局规模乳企监测数据显示，2019年，全国乳制品加工销售总收入3 947.0亿元，同比增长10.2%；加工利润总额379.3亿元，同比增长61.4%；销售收入利润率为9.6%，比2018年高出2.4个百分点。2019年，河北、内蒙古、山东、河南、黑龙江、宁夏等位居全国乳制品加工量前十位的省区加工占比达到全国加工总量的67.3%，同比下降0.2%，比2016年下降1.6个百分点，表明加工布局的集中度持续下降（图3-2）。

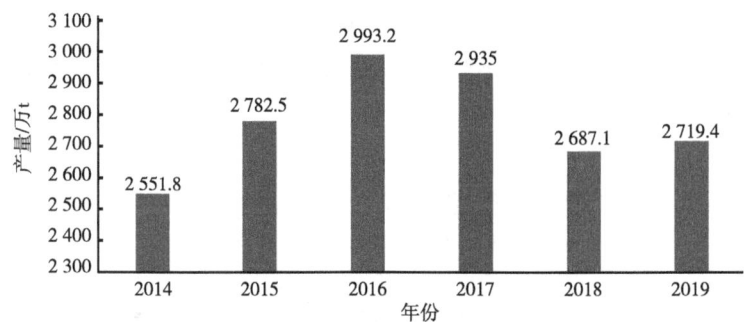

图3-1　2014—2019年规模以上乳制品企业累计产量

（数据来源：国家统计局，2019）

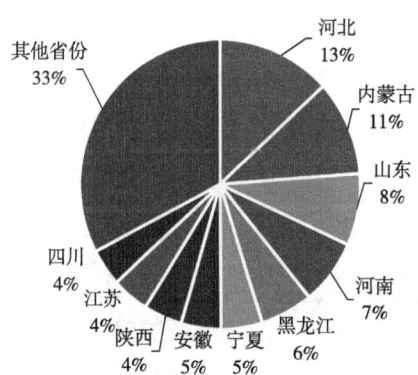

图3-2　2019年各省份乳制品产量占比情况

（数据来源：国家统计局，2019）

第二节 乳制品的贸易情况

2019年,我国进口各类乳制品共计279万t,同比增加12.8%,折合鲜奶计约1 731万t,占国内奶类产量的52.3%,奶源自给率为65%,已经明显低于70%的目标自给率,据测算,奶类消费增量的97.1%来自进口。具体来看,进口干乳制品204.9万t,同比增加6.0%;进口液态奶92.4万t,同比增加31.3%。从单个品类来看,黄油和乳清粉进口量大幅下降,其余品类进口量均有不同幅度增长,具体情况及原因如下。

一、大包粉和包装奶

大包粉进口增长26.6%至101.5万t,主要来自新西兰、欧盟和澳大利亚(图3-3)。其中全脂奶粉价格为3 357美元/t,同比下降3.9%;包装奶进口增长32.3%至89.1万t,价格为1 236美元/t,同比下降8.8%,欧盟占54.5%、新西兰占31.9%、澳大利亚占11.6%。进口大包粉的主要用途是婴儿配方粉加工(37%)、乳饮料加工(22%),复原乳和酸奶的比重分别为17%、16%,有2/3用于液态奶及乳饮料生产。大包粉和包装牛奶进口同步增加主

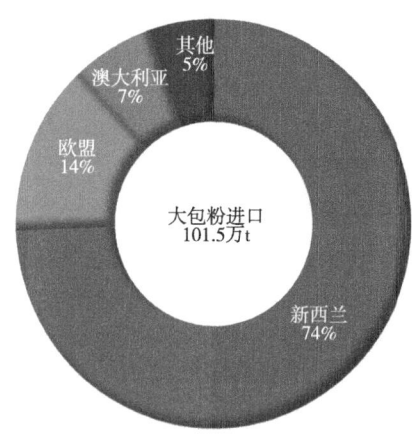

图3-3 2019年全国大包粉进口情况
(数据来源:海关总署,2019)

要受国内液态奶需求增长带动。

二、奶酪

奶酪进口增长6.0%至11.5万t，主要来自新西兰、欧盟和澳大利亚（图3-4）。进口价格4 545美元/t，同比下降4.0%。与2018年奶酪进口增速0.3%相比，有明显的增长趋势。奶酪的进口增加既有价格驱动，也与国内奶酪行业发展相匹配，主要是披萨店、儿童奶酪棒（原制奶酪占比15%）等市场规模稳步扩大。

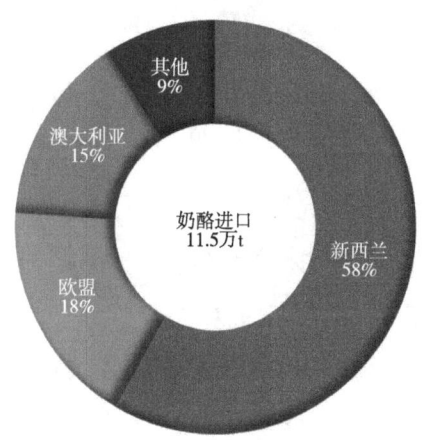

图3-4　2019年全国奶酪进口情况

（数据来源：海关总署，2019）

三、乳清粉

乳清粉进口量45.4万t，同比减少18.6%，主要来自新西兰、欧盟和澳大利亚（图3-5）。进口价格为1 338美元/t，同比上涨17.9%。进口乳清粉主要用于仔猪饲料和婴儿配方粉。2019年进口量大幅下降主要有两方面原因：一是受非洲猪瘟影响，用作猪饲料的乳清粉用量大幅减少；二是国内婴儿配方粉需求量减少。目前一、二、三段婴儿配方粉适用年龄为3岁及以下孩子，当年饮奶孩子数量为近三年新出生人口之和。2017—2019年累计新出生人口比上一周期（2016—2018年）减少321万人，即2019年饮奶孩子数量减少321万人。据测算，平均每个婴儿年奶粉需求量21.2kg，2019年婴配粉需求量预计下降近6.8万t[①]。

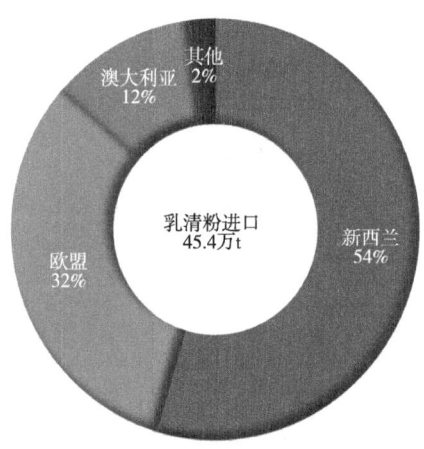

图3-5　2019年全国乳清粉进口情况

（数据来源：海关总署，2019）

四、婴儿配方粉

据中国海关总署统计，2019年，进口婴儿配方粉34.5万t，同比增长6.4%，增加2万t，平均价格零售为234.9元/kg（到岸价格103.7

---

① 新生儿数量为国家统计局当年总人口数乘以出生率，据行业估算婴儿配方乳粉总消费量为100万t。平均每个婴儿年奶粉需求量为婴儿配方乳粉年总消费量除以近三年新增人口总数。

元/kg），高出国产婴配粉价格24.6%。受国内需求下降影响，与2018年19.8%增幅相比，2019年婴儿配方粉进口增速有所下降。在整体需求明显下降、进口价格相对较高的情况下，2019年婴儿配方粉进口量继续保持增长，说明消费者依然在追捧进口婴儿配方粉。如果以国内婴配粉总需求下降近6.8万t推算，2019年国产婴儿配方粉减少近8.8万t，进口婴儿配方粉市场份额在上升。

五、黄油

黄油进口量8.6万t，主要来自新西兰和欧盟（图3-6），同比减少24.5%，进口价格为5 455美元/t，同比下降11.3%。2018年受恒天然安佳等品牌的业绩冲刺影响，进口黄油11.3万t，同比增加23.8%，导致黄油库存较大。对今年黄油进口造成了一定的抑制作用。

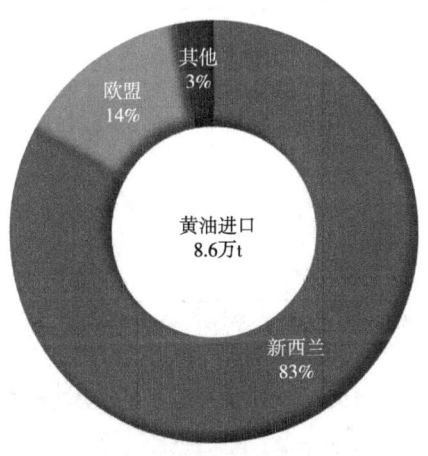

图3-6 2019年全国黄油进口情况

（数据来源：海关总署，2019）

六、稀奶油

稀奶油进口增长25.2%至16.1万t，进口价格为3 137美元/t，同比下降6.8%。与2018年相比，稀奶油进口量大幅增长，进口增长主要是受国内新场景和新消费业态影响，例如烘焙行业、奶盖茶及咖啡等产业稀奶油用量大幅增加。

第三节　乳制品的消费情况

一、奶类消费稳步增长

改革开放以来，我国居民奶类表观消费[①]（下文简称奶类消费量）显著提升，从1980年的1.4kg/年增长至2019年的35.9kg/年，增长了26倍。40年间，奶类消费主要经历了3个重要阶段（图3-7）。

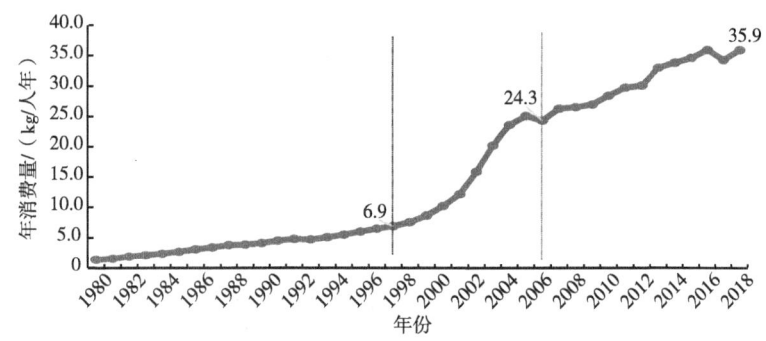

图3-7　1980—2018年我国居民奶类消费趋势

（数据来源：国家统计局，2019）

[①] 奶类表观消费量是指当年原奶产量加上净进口量。与统计局调查消费量相比，表观消费量要高出很多，这一指标与联合国粮农组织发布的各国消费量统计口径比较一致。

第一阶段为1980—1998年的平稳增长期，人均奶类消费年均增量为0.3kg，年均增速9.3%。第二阶段为1999—2008年快速增长期，伴随着奶业进入高速发展黄金10年，人均奶类消费量大幅提高，年均增量达2.1kg，年均增速14.8%。此后，我国奶类消费再次步入稳定增长期，第三阶段2009—2019年年均增量0.9kg，年均增速约为3.1%。2019年，在奶业振兴等利好政策驱动下，全年奶类消费总量5 015万t（统一折成原奶），同比增长5.1%，人均奶类消费实现较快增长，达到35.9kg的历史最高水平，同比增长4.7%，与2018年相比，提高1.6kg，同比增长4.7%，创阶段性新高，明显高于2015—2018年年均0.5%的消费增速，也高于近十年3.1%的年均消费增长率。

二、城乡居民奶类消费差距较大

从统计数据看，我国城镇和农村居民奶类消费差距较大，2018年，我国居民人均户内奶类消费量为12.2kg，其中城镇居民、农村居民人均户内奶类消费量分别为16.5kg、6.9kg。1980年，城乡居民人均奶类消费量分别为4.1kg、0.6kg，农村居民人均奶类消费量仅占城镇居民奶类消费量的15.1%。1980—2007年，城镇居民奶类消费增速明显较快，城乡奶类消费差距变化不大，2007年，城乡人均奶类消费量分别为17.8kg、3.5kg，农村人均奶类消费量占城镇比重略有提高，为19.7%。2008年之后，受"三聚氰胺"事件的影响，一方面奶类消费由城镇向农村转移，城镇居民人均奶类消费量有所下降，2018年农村居民人均奶类年消费量占城镇居民消费比重提高至41.8%；另一方面农村人均奶类消费增长较快，两者消费差距明显缩小（表3-1）。尽管城乡奶类消费差距逐渐缩小，但我国城镇和农村居民奶类消费差距依然较大。

表3-1 1980—2018年我国城乡居民奶类消费量

年份	城镇居民/（kg/人）	农村居民/（kg/人）	占比/%
1980年	4.1	0.6	15.1
2007年	17.8	3.5	19.7
2018年	16.5	6.9	41.8

数据来源：国家统计局，2018。

三、奶类消费随收入水平上升而提高

分收入组消费数据统计结果显示：2018年，随着收入提高，城镇和农村居民人均奶类消费量均不断增加；城乡居民人均奶类产品年消费量均在高收入户达到最高；与城镇居民相比，农村居民不同收入组之间消费差异更大。城镇、农村高收入户人均奶类年消费量分别为23.6kg、9.3kg，与低收入户相比，分别高出13.3kg、4.0kg，与各自的平均水平相比，分别高出43%、34.8%。全国低收入组人均奶类年消费量约6kg，约为全国平均水平的一半，人均奶类年消费量在高收入组达到最高21.7kg/年，是全国平均消费量的1.8倍（表3-2）。

表3-2 2018年我国城乡、不同收入组居民奶类年消费量　　单位：kg/人

不同收入组	全国平均	城镇		农村	
		奶类	平均	奶类	平均
低收入户	6.0	10.3		5.3	
中等偏下户	8.4	14.0		5.9	
中等收入户	11.8	17.3	16.5	6.8	6.9
中等偏上户	16.6	20.6		7.9	
高收入户	21.7	23.6		9.3	

数据来源：国家统计局，2018。

四、重点人群奶类消费情况

据中国健康与营养调查(China Health and Nutrition Survey, CHNS)2015年调研数据,我国45岁及以上中老年居民饮奶率仅为14.7%,其中,城市居民饮奶率为27.2%,农村居民为6.8%。按年龄段划分,45~64岁、65岁以上人群饮奶率分别为14%、16.2%,中老年人饮奶情况不容乐观。从饮奶量上看,45岁以上中老年居民平均饮奶量为158.9g/d,其中城市居民、农村居民饮奶量分为210.0g/d、66.7g/d,按年龄段划分,45~64岁和65岁人群饮奶量分别为133.3g/d、200.0g/d。可见城乡居民以及不同年龄段居民饮奶情况存在明显差异,城市居民饮奶量、饮奶率均显著高于农村居民,随着年龄的增长,我国45岁以上人群的饮奶率、饮奶量均有明显的提高(图3-8、图3-9)。

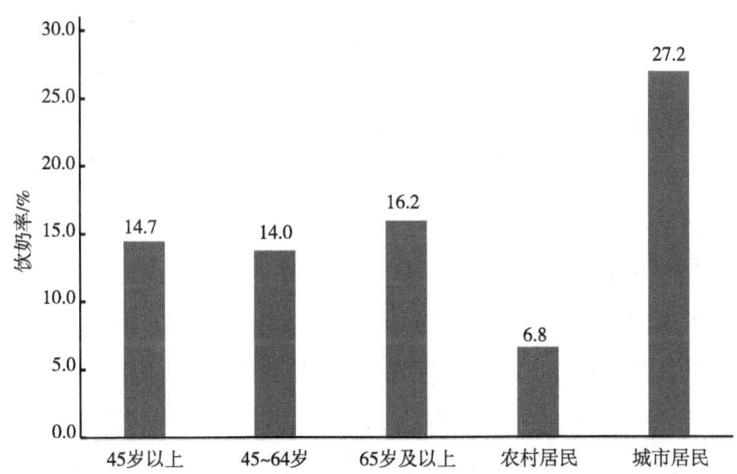

图3-8 2015年我国45岁及以上中老年人饮奶率情况

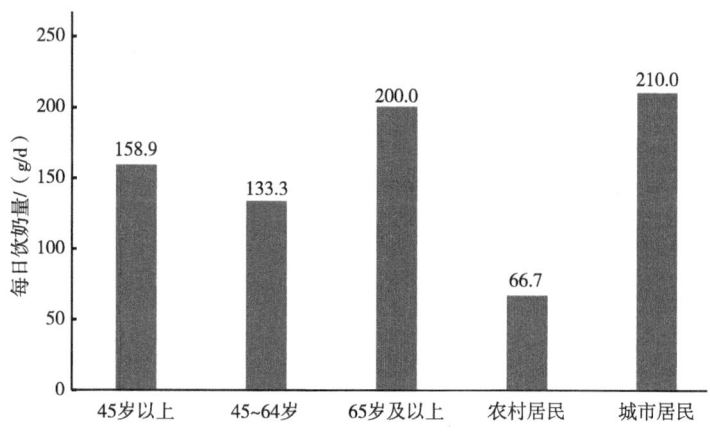

图3-9 2015年我国45岁及以上中老年人饮奶量情况

五、我国奶类消费与营养供给不足

2018年,全球人均奶类消费量约113.7kg;2017年,日本人均奶类消费量为93.5kg,美国、欧盟、澳大利亚人均奶类消费量分别为272.7kg、242.2kg、250kg。相比之下,我国人均奶类消费量仅为全球平均水平的1/3,不足亚洲典型国家的1/2,与典型发达国家饮奶量差距更大。世界顶级医学杂志《柳叶刀》建议每天喝250～500g牛奶,我国居民膳食指南推荐摄入量为300g/d,按照人均300g/d的营养目标计,奶类消费需达到109.5kg/人年,2019年人均每日奶类消费量98.4g,仅相当于推荐量的32.8%,与营养需求差距还很大。从营养结构上看,2017年我国每天人均动物蛋白消费量40.4g,其中肉类提供53.1%,奶类仅提供6.7%。相比之下,日本奶类提供动物蛋白的14.8%,美国是30.4%,德国是40.2%。总体来看,我国人均奶类消费量低,在营养改善中发挥的作用不充分,是居民膳食消费的一大短板。无论从奶类摄入量还是食物消费营养结构分析，我国奶类消费都还有很大的增长空间。

数据来源：世界平均消费量（IDF报告，2018）；美国、欧盟、澳大利亚消费量（FAO，2017）；中国2019年人均奶类消费量根据奶类总供给量（生产量+净进口量）/年中人口数计算而得，产量（国家统计局，2019）、净进口量（海关总署，2019）；日本消费量（日本农林水产省，2017）。

第四章 我国居民乳制品消费案例分析

第一节 北京、上海、广州居民奶类消费及影响因素

牛奶被誉为"最接近完美的食物",有"白色血液"之称,奶类消费能够满足居民食物消费结构升级的营养需求,随着食物营养健康意识的提升,居民饮奶意识不断增强,带动奶类消费逐渐提高,但其增长幅度趋缓。目前研究居民乳制品消费的官方统计指标主要有两大类:一是表观消费量,既生产加上净进口,可以从整体上反映乳品消费水平,指标包括液态奶和奶粉;二是国家统计局分城乡的住户调查数据,统计指标为奶类,但只包含家庭内奶类消费。从统计分析结果上看,两者数据偏差较大,如2018年人均奶类表观消费量为34.3kg,但住户调查人均奶类消费量为12.6kg,消费数据不一致为判断行业趋势带来很大困扰。随着户外消费增加和消费方式西化,咖啡、奶茶、烘焙等行业对乳品需求不断增加,家庭奶酪、黄油消费也呈明显上升态势。现有的消费统计指标尚不能反映新场景新业态乳品消费情况。

为解决乳制品消费研究存在的数据不匹配且统计指标粗略的问题,摸清当前我国居民乳制品消费水平和消费结构,笔者课题组于2017年选取了在地域和未来消费方面都具有趋势代表性的北京、上

海、广州3座一线城市的1 555户居民开展了个人乳制品消费线上调研，数据新、覆盖广，具有代表性，能较为真实地反映当前城镇居民乳制品实际消费现状，有助于科学预测未来乳制品结构变化和需求增长。研究考察的乳制品类型不仅包括传统液态奶和奶粉，同时充分考虑巴氏杀菌乳、常温酸奶、奶酪等可能成为未来消费增速较快的乳制品，补充现有文献只关注传统型乳制品分类的局限，对于当前可能存在显著低估城镇居民乳制品消费量研究提供证据。研究城镇居民的乳制品消费结构演变轨迹将是对未来农村居民乳制品消费结构转变的重要指引。通过分析调研结果，判断当前我国一线城市居民乳制品消费主要呈现出如下几个显著特征。

一、一线城市居民乳制品消费四大特征

（一）人均乳制品消费总量大，液态奶占主导地位

经测算，2017年我国人口总量为13.9亿人，液态奶产量为2 691.7万t，当年净进口量为67.6万t，人均奶类表观消费量为36.9kg/年[①]，2017年我国一线城市人均乳制品消费量为77.5kg，是当年全国人均奶类表观消费量的2.1倍，这主要是由于课题组调研抽取的样本地区是中国的一线城市，这些地区的经济发展水平和饮食习惯都处于全国的领先地位，因此人均消费量远远高于全国水平是合理的。如表4-1所示，我国一线城市居民的乳制品消费结构中，纯牛奶消费量和酸奶的消费量分别达到30.41kg和30.25kg，各占乳制品消费量的四成左右，液态奶合计占比接近80%（图4-1）。虽然奶酪、奶

---

① 表观消费量为2017国内奶类产量与净进口量与当年人口数之比，其中进出口各类奶制品全部折算为原奶，进出口奶制品数据来自中国奶业协会进出口数据，不同奶制品的折算系数分别为鲜奶和酸奶按1∶1；奶粉、黄油和奶酪都按1∶8，折算成原奶计。

油等其他乳制品消费量逐渐上升,液态奶在乳制品消费中所占的比重自2007年以来逐年下降,但液态奶仍然占据着主导地位。值得关注的是,近年来,酸奶消费量迅速增长,1999—2014年年均增长率高于液态奶。2017年,一线城市人均酸奶消费量为30.25kg,占乳制品消费总量的39%。奶粉、奶酪和奶油的人均消费量相差不大,分别为0.75kg、0.59kg和0.76kg,占乳制品比例分别为1.19%、0.94%和1.21%;折算为原奶后分别为6.03kg、4.74kg和6.08kg,在乳制品消费中所占的比例分别为8%、6%和8%(图4-1)。

表4-1　2017年我国一线城市人均乳制品消费量　　　　单位:kg

项目	乳制品	纯牛奶	酸奶	奶粉	奶酪	奶油
折算前	62.76	30.41	30.25	0.75	0.59	0.76
折算后	77.51	30.41	30.25	6.03	4.74	6.08

注:不同奶制品的折算系数分别为鲜奶和酸奶按1:1;奶粉、黄油和奶酪都按1:8,折算成原奶计。

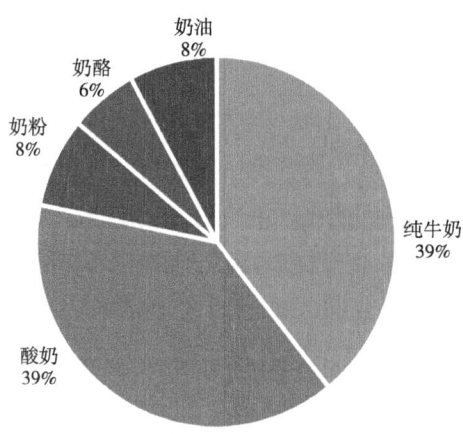

图4-1　2017年我国一线城市人均乳制品消费比例

(数据来源:农业农村部食物与营养发展研究所乳品政策与健康消费团队,2017)

（二）乳制品区域消费差异较大，主要体现在液态奶上

表4-2是2017年北京、上海和广州被访者的各类乳制品年消费量均值。从人均乳制品消费总量来看，上海以68.23kg的消费量位列三大一线城市之首；其次是北京，人均乳制品年消费量为64.88kg；最后是广州，人均乳制品年消费量为55.95kg，3座城市乳品消费总量均远远高于全国平均乳制品消费水平。不同区域之间乳制品消费水平差异较大，一线城市的消费水平约高出全国平均水平的2倍。具体分品种来看，上海的纯牛奶、奶酪和奶油的人均消费水平都是3座城市中最高的，分别达到40.34kg、0.82kg和0.93kg，其中纯牛奶消费量约为北京和广州消费量的1.5倍。酸奶消费水平最高的城市是北京，人均消费量达到36.64kg；广州人均奶粉消费水平最高，达到1.05kg，北京的奶粉消费量显著低于广州和上海。

表4-2 2017年不同城市人均乳制品消费量　　单位：kg

地区	乳制品	纯牛奶	酸奶	奶粉	奶酪	奶油
北京	64.88	26.83	36.64	0.33	0.51	0.57
上海	68.23	40.34	25.22	0.92	0.82	0.93
广州	55.95	25.58	28.03	1.05	0.48	0.81
一线城市	62.76	30.41	30.25	0.75	0.59	0.76

数据来源：农业农村部食物与营养发展研究所乳品政策与健康消费团队，2017。

（三）人均乳制品消费量随收入增长逐步增加

分收入组的消费调研数据统计结果显示：随着家庭月收入的提高，一线城市居民人均乳制品年消费量不断增加，但在20 001～30 000元这一年收入阶段的人均乳制品年消费量有小幅的

下降，随后又随收入的提高而上升，一线城市人均乳制品年消费量在最高收入组达到最高，为77.06kg，是最低收入组的1.08倍。具体分产品来看，不同收入组之间，一线城市居民人均奶粉、奶酪和奶油的消费水平变化不大，总体保持在0~2.5kg/人年。随着收入增加对纯牛奶消费呈现出先增加后减少的态势，人均纯牛奶消费水平在20 001~30 000元年收入组最高，达到37.47kg/人年，之后随着收入增加下降到最高收入组的28.28kg/人年。酸奶的人均消费水平基本随收入增加不断提高，在最高收入组达到最高，为46.92kg/人年，比最低收入组高出2.3倍（图4-2）。

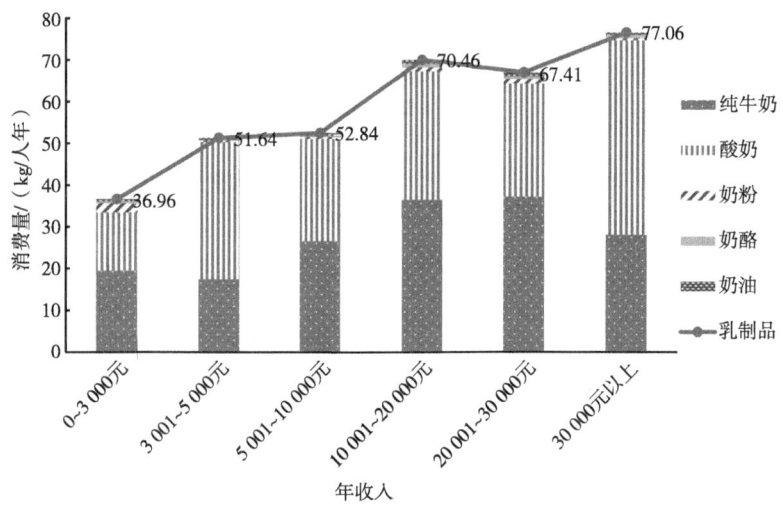

图4-2 2017年一线城市居民各收入组人均乳制品消费量

（数据来源：农业农村部食物与营养发展研究所乳品政策与健康消费团队，2017）

（四）人均乳制品消费量随教育程度提高而增加

调研结果显示，教育水平的提高带来乳制品消费的增加。如表4-3所示，2017年，一线城市的调研数据显示，随着教育程度的增加,居民人均乳制品消费量呈现先增加后下降的趋势,人均乳制品消费量在大专学历组达到最高,为70.78kg。对比不同教育组的数据发现,受教育程度在高中以上的居民,其乳制品消费量差距不大,高中组、本科组和研究生组消费量分别是大专组的82.6%、91.2%、86%;初中组人均乳制品消费量是明显偏低的,还不足大专组的一半。具体分品种来看,除奶粉和奶油之外,大专组其他乳制品消费量均为所有教育组中最高,其中纯牛奶、酸奶、奶酪的消费量分别为34.38kg/人年、34.15kg/人年、0.71kg/人年。

表4-3 2017年一线城市居民分教育组人均乳制品消费量　　单位：kg

受教育程度	乳制品	鲜奶	酸奶	奶粉	奶酪	奶油
初中及以下	30.61	16.32	10.30	3.47	0.22	0.30
高中/中专/技校/职高	58.49	26.88	29.64	0.46	0.61	0.90
大专	70.77	34.38	34.15	0.86	0.71	0.67
本科	64.54	30.91	31.58	0.68	0.56	0.81
研究生及以上	60.89	34.55	24.74	0.45	0.66	0.49

数据来源：农业农村部食物与营养发展研究所乳品政策与健康消费团队,2017。

二、乳制品消费的影响因素分析

（一）研究方法

本研究以一线城市居民乳制品消费量作为被解释变量建立模型,以实证分析影响消费者对液态奶、酸奶、奶酪、奶油和奶粉消费量的影响因素,这里采用被广泛应用的Tobit模型。

个体i可观察到的乳制品消费量可设定为：

$$y_i = \begin{cases} y_i^* = X_i\beta + \varepsilon_i^* \\ 0 \end{cases} \quad if \begin{cases} y_i^* > 0 \\ y_i^* \leq 0 \end{cases} \quad 式（1）$$

式中，y_i^*表示无法观察到的潜变量，它是一系列解释变量的线性函数；ε_i^*为误差项，假设它服从正态分布$\varepsilon_i^* \sim iddN(0,\sigma^2)$。

对于一系列可观察到的因变量（y_1，y_2，…，y_n），上述模型的最大似然函数为：

$$L(\beta,\sigma;y) = \prod_{i:y_i=0} F(\frac{-X_i\beta}{\sigma}) \prod_{i:y_i>0} \sigma - 1f(\frac{y_i - X_i\beta}{\sigma}) \quad 式（2）$$

式中，F和f分别表示标准正态变量的分布函数和概率密度函数；$\prod_{i:y_i=0}$表示当$y_i^* \leq 0$时，个体i的乘积；$\prod_{i:y_i>0}$表示当$y_i^*>0$时，个体i的乘积。

通过上述函数的对数形式最大化，便可以得到(β，σ)的最大似然估计值。Amemiya（1973，1984）证明了上述估计得到的参数结果是一致的，符合渐进性。

对于式（1），无条件购买的期望值为$E(y) = X\beta F(z) + \sigma F(z)$，$z = X\beta/\sigma$。当消费者支出为正的时候，期望值为$E(y|y_i^*>0) = X\beta + \sigma(f(z)/F(z))$。因此，两者之间的关系为$E(y) = F(z)E(y|y_i^*>0)$。用上式对$x_\kappa$求导，可得：

$$\frac{\partial E(y)}{\partial x_\kappa} = F(z)\left[\frac{\partial E(y|y_i^*>0)}{\partial x_\kappa}\right] + E(y|y_i^*>0)\left[\frac{\partial F(z)}{\partial x_\kappa}\right] \quad 式（3）$$

式中，$\partial E(y|y_i^*>0)/\partial x_\kappa$表示有条件购买的变化，或者说有条件购买的边际效应——它可以识别对于乳制品消费支出大于零的消费者，当自变量x_κ变化时，居民乳制品消费量的变化程度。$\partial F(z)/\partial x_\kappa$表示对于乳制品消费支出为零的消费者，当自变量$x_\kappa$变化时，居民消费乳制品概率的变化程度；$F(z)$和$E(y|y_i^*>0)$分别表

示购买概率和购买的条件期望值。

式（3）两边同时乘以$x_\kappa/E(y)$并简化，可得弹性表达式：

$$\frac{\partial E(y)}{\partial x_\kappa} \cdot \frac{x_\kappa}{E(y)} = \frac{\partial E(y|y_i^*>0)}{\partial x_\kappa} \cdot \frac{x_\kappa}{E(y|y_i^*>0)} + \frac{\partial F(z)}{\partial x_\kappa} \cdot \frac{x_\kappa}{F(z)} \quad 式（4）$$

$$i.e., \xi_{uncond} = \xi_{cond} + \delta_{pp}$$

式中，

$$\xi_{uncond} = \frac{\partial E(y)}{\partial x_\kappa} \cdot \frac{x_\kappa}{E(y)};$$

$$\xi_{cond} = \frac{\partial E(y|y_i^*>0)}{\partial x_\kappa} \cdot \frac{x_\kappa}{E(y|y_i^*>0)};$$

$$\delta_{pp} = \frac{\partial F(z)}{\partial x_\kappa} \cdot \frac{x_\kappa}{F(z)}$$

分别表示无条件弹性、有条件弹性和购买概率弹性。

（二）数据处理

调研问卷设计过程中，调研了消费者家庭收入和人均收入，数据经取对数后，样本量没有变化，有效问卷1 555份，其中北京有效调研问卷511份，上海有效问卷514份，广州有效问卷530份。对总体乳制品消费和每个种类的乳制品的影响因素分别进行回归。

（三）研究结果分析与讨论

1. 收入水平对居民乳制品、纯牛奶和酸奶消费有显著的正向影响

多数研究均认为，收入是影响乳制品消费的重要因素，研究结果显示，家庭收入和居民的乳制品、纯牛奶和酸奶消费均有显著的正相关关系，说明居民的家庭收入越高，居民的乳制品消费

量越高。结果显示,一线城市居民家庭收入水平每提高1%,将使人均乳制品、纯牛奶和酸奶消费量分别提高0.518%、0.112%和0.212%。家庭收入增长对一线城市居民奶粉、奶酪和奶油消费影响不明显,主要是因为奶酪和奶油还没有成为我国居民日常的必需食品,其对家庭收入的变化不敏感。人均月收入水平对居民各类乳制品消费具无显著影响。2017年有效样本中的被访者家庭收入水平的分布如图4-3所示,其中月收入5 001~20 000元的中等家庭占总样本的58%,而家庭月收入处于3 000元以下低收入水平和30 000元以上高收入水平的被访者人数较少,各占样本的8%,样本分布基本符合社会中的"橄榄形"收入结构。

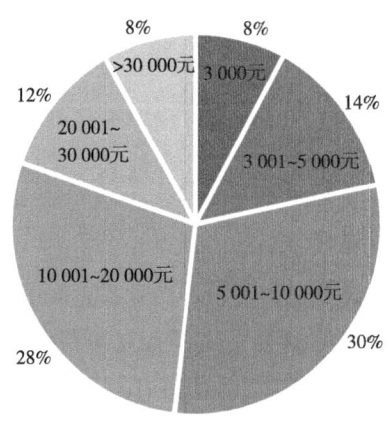

图4-3 2017年一线城市居民家庭月收入分布

(数据来源:农业农村部食物与营养发展研究所乳品政策与健康消费团队,2017)

2.性别对居民乳制品消费具有影响

调研结果显示,性别对乳制品消费总量具有影响。性别除对奶油存在正向影响外,对其他各类乳制品没有显著影响。相比于女性消费者,男性消费者消费乳制品的比例明显偏低。如表4-4所示,女性消费者中消费纯牛奶的人群比例达到53.0%,而男性消费者液态奶的消费人群占比仅为31.1%。需要注意的是,从纯牛奶、酸奶、奶粉和其他乳制品这4种乳制品的角度来看,女性消费者中消费上述4种乳制品的人群所占的比例差别并不大,均在50%左右;而男性消费者则不同,男性消费日常酸奶、奶粉及其他乳制品的人群所占的比例与消费纯牛奶的人群所占的比例存在着不小的差距。尽管男性消费者中日常消费纯牛奶的31.1%的比例并不高,但是还是比日常消费酸奶、奶粉和其他乳制品20%的比例高出不少。总体来看,相比于女性,男性消费者消费乳制品的比例过低。

表4-4 男性和女性中消费各类乳制品的人群所占比例　　单位:%

	纯牛奶	酸奶	奶粉	其他乳制品
男性	31.1	24.5	22.1	21.6
女性	53.0	50.3	49.6	49.3

数据来源:农业农村部食物与营养发展研究所乳品政策与健康消费团队,2017。

3. 乳制品信息关注度对乳制品和各类乳制品消费均存在显著影响

在购买乳制品时,对乳制品信息的关注程度,是表现乳制品消费特征的重要变量。以对北上广三地居民的乳制品信息关注度作为重要影响因素,对于该部分的关注程度的量化,采用基于事实(de facto)的分类方法,对被访者的回答进行赋值1~5,分别代表一点不关注、不关注、一般、关注和非常关注。对于选购所有乳制品、纯牛奶、奶粉和奶油上,北上广三地被访者表现出一致的关注标准。乳制品信息关注度对以上乳制品消费具有正向影响,消费者对其关注度每增加1单位，会使乳制品、纯牛奶、奶粉和奶油消费量增加29.3%、5.5%、12.2%和7.3%；而乳制品信息关注度对酸奶消费存在负相关关系，消费者对其关注度每增加1单位，使酸奶消费量下降6.8%；该因素对奶酪消费没有显著影响。

4. 膳食和营养等方面信息关注度是影响乳制品消费的重要因素

对北上广三地居民的5种乳制品消费的关注因素，以及不同城市之间的差异进行描述统计。对于该部分的关注程度的量化，仍然采用基于事实的分类方法。研究发现消费者，酸奶的消费存在地域显著性差异，与北京相比，上海和广州的酸奶消费量显著低于北京。程长林等（2016）研究认为不同区域乳制品消费差异较大，杨振海和王玉庭（2016）也提出东南沿海地区乳制品消费量较低，这说明不同乳制品的消费也存在地域性差异。

膳食关注度、新鲜关注度、营养关注度和品牌关注度会对消费者消费不同种类乳制品产生不同的影响，其中膳食关注度仅对液态奶消费量具有正向影响，消费者膳食关注度每增加1单位，液态奶消费量将增加5.2%。新鲜关注度对酸奶、奶粉和奶油具有负向影响，当新鲜关注度每增加1个单位，消费者酸奶、奶粉和奶油消费量将下降10.3%、12.0%和17.0%。这可能与一线城市消费者对新型乳制品消费需求提高有关，人们更注重高端乳制品的新鲜度。同时，品牌关注度的提高显著影对酸奶的消费量，关注度每上升1单位，酸奶的消费量将提高6.4%。营养关注度对液态奶消费存在正向影响，当营养关注度增加1个单位时，消费者纯牛奶消费将上升10.3%。研究结果也反映出一线城市居民不同种类的乳制品消费会受不同因素的影响。

第二节 2018年典型城市居民奶类消费结构与替代研究

据《OECD-FAO农业展望报告（2019—2028）》，在发展中国家收入和人口增长的共同推动下，预计未来10年全球人均新鲜乳制品消费量年均增量将达1.0%，中国人均乳制品消费量显著低于世界平均水平，预计未来也将会发生显著性增长。人口增长、城乡居民收入提高和城镇化发展对食物消费总量和消费结构提出更高的需求（黄季焜，2018），食物消费向富含蛋白质的动物性食物方向转型升级（李国景等，2019）。郑志浩等（2015）预测，随着食物支出水平的上升，在家消费奶类支出比重显著上升，预计在2030年达到9.3%。过去10年，人均奶类表观消费量由2009年的26.5kg/年增长至2019年的35.9kg/年，提高了9.4kg/年，年均增长率3.1%，表明居民乳制品消费量持续增长。同期，人均国产液态奶消费由1 277万t增至1 748万t[①]，年均增速3.2%，每升液态奶价格由7.8元提高至11.9元，年均增速4.4%，我国居民液态奶消费呈现出"量价齐增"的趋势。传统乳制品消费增加的同时，新产品新业态奶类消费增长较快，例如奶酪、奶油、咖啡等。据行业测算，近5年烘焙行业市场规模年均增速10%以上，添加奶油、奶酪的烘焙产品很受市场欢迎。据行业专家判断，2019年人均咖啡消费量7.2杯，按每杯330mL、50%含奶量计，全年咖啡用奶量156万t，与2018年相比，增长16.5%。总体来看，奶酪等新型乳制品成为未来乳品消费新的增长点。

国内外学者一致认为收入和价格是决定城镇居民乳制品消费量

---

① 2009—2019年液态奶结构演变根据尼尔森零售监测数据库计算得出白奶占比，2009年为81%，2019年为57.1%。

增长的重要因素。全世文等（2017）采用选择实验法分析发现收入对进口奶粉偏好具有正向影响。翟世贤等（2017）运用双尾截取Tobit模型考察收入和城市化对巴氏奶和常温奶消费结构的影响，提出巴氏奶市场份额将随居民收入水平的持续提高和城市化的推进而显著上升。胡定寰等（2004）通过Heckman Selection模型检验发现，云南省消费者的家庭收入对购买酸奶有显著的影响。Fuller等（2011）也发现，北京、上海及广州3个城市总体酸奶需求量随着收入增加而增加。许世卫（2009）、聂迎利（2009）和张岩等（2017）分别研究证实了收入水平是影响城镇居民奶类消费需求的主要因素，奶类消费支出随人均可支配收入的提高而增加，奶类是所有动物性食物中需求收入弹性最高的食品。相似的研究还有Wu等（2017）在有条件的支出弹性下研究城市居民乳制品支出弹性是所有食物中最高的，且乳制品支出将快速增长。郑志浩等（2015）研究提出动物性食物的支出占食物总支出的比重将会进一步提高，奶类支出弹性为1.867。

为进一步了解我国城镇居民乳制品消费结构随收入增长的变化情况，及传统型（常温纯牛奶、低温酸奶）和新兴型乳制品（常温酸奶、巴氏杀菌乳和奶酪奶油）之间的替代效应，本节研究基于2018年全国6座典型城市大样本调查数据，试图从微观消费者消费行为角度入手，探索乳制品消费结构变化及相互替代关系，有助于实现乳品结构调整，促进乳业产业经济发展。

一、理论分析和研究方法

（一）理论分析

收入与消费之间存在相关性，国内学者根据我国经济发展不同阶段研究发现，收入增长是影响消费增长及消费结构变化的重要影响因素，收入增长与消费增长之间存在显著的正向影响（王健宇等，2010）。"七五"时期和"八五"时期，城乡居民边际消费随收入的增加而递增（王小华等，2015）。但是不同收入层级城镇居民消费结构存在显著差异（陈波，2013；于文奇等，2019），因此，收入增长影响消费数量和消费结构变动。在食物消费领域，随着人均收入持续增长，城镇居民食物支出水平将会继续提高，中国消费增长一方面来自收入增长带来的"收入效应"（郑志浩等，2015）。目前已有研究具体验证了收入增长影响奶类产品消费（聂迎利，2009；张岩等，2017）。

随着收入水平提高，食品消费结构发生改变，不同食品之间替代关系增强。目前我国粮食与蔬菜消费基本已实现稳定，而食物消费增长主要集中在植物油、肉类、蛋类与水产品上（胡冰川等，2015；韩啸等，2109）。除水产品、奶及奶制品和蛋类自价格弹性较大外，多数食品受自身价格的影响较小（沈辰等，2015），当收入和价格同比例变化时，城镇居民家庭更愿意增加对肉类、蛋类和乳品的消费（吴蓓蓓等，2012）。目前乳制品分类较多，不同乳制品之间也存在替代关系。鉴于以上研究，理论证实收入增长可以改变奶类产品消费结构。

（二）研究方法

本节研究采取如下研究方法。首先，为考察收入和价格对奶类需求结构的影响，将设定并估计一个两阶段QUAIDS模型（Quadratic Almost Ideal Demand System）。许多研究把AIDS模型（Almost Ideal Demand System）作为两阶段或多阶段预算框架模型，但相比于AIDS模型较难反映消费支出的非线性趋势，QUAIDS模型的优点在于以下两点。第一，该模型加入了支出的二次项，从而允许检验模型中各类乳制品的支出份额与总支出之间是否存在非线性关系，更符合经济规律，从而更好地拟合真实的数据（吴蓓蓓等，2012；张玉梅等，2012；许菲等，2018）。第二，QUAIDS模型需求支出弹性及其标准差估计结果表现较好（范金等，2011）。本节研究中，城市居民乳制品消费支出由7个种类构成，如果将这7个种类放在一个完整的需求系统进行估计，将导致自由度降低，运算困难。因此，研究设立两阶段预算方法。第一阶段，消费者将其乳制品总支出在不同乳品种类建进行配置，如7类乳品支出项目；第二阶段，建立Tobit模型，估计乳制品收入弹性。最后，基于QUAIDS模型估计的各类乳制品支出弹性与Tobit模型估计的乳制品收入弹性，估算各类乳制品收入弹性。

1. QUAIDS模型

本节研究进行城镇居民乳制品需求分析时采用Banks等（1997）提出的二次型近似理想需求系统模型，它是在Deaton等（1980）提出的AIDS模型上发展演变而来的，与AIDS模型相比，加入支出的二次项，使函数形式扩展成为非线性的形式，从而允许检验模型中每一种乳制品的支出份额与总支出之间是否存在非线性关系。QUAIDS模型的一般函数式如下：

$$w_i = \alpha_i + \sum_{j=1}^{n} \gamma_{ij} \ln(p_j) + \beta_i \ln\left[\frac{m}{a(p)}\right] + \frac{\lambda_i}{b(p)}\left\{\ln\frac{m}{a(p)}\right\}^2 + u_i \quad \text{式（5）}$$

式中，i，j表示城市居民消费的第i、j种乳制品（i，j = 1，2，3，…，6），包括n为需求系统内的乳制品种类，即$n=6$，这里研究的乳制品分为6类，包括巴氏杀菌乳、灭菌乳、常温酸奶、低温酸奶、奶酪奶油和奶粉；w_i表示第i乳制品支出占系统中乳制品总支出m的比重；p_j表示第j种乳制品的价格；m表示用于乳制品消费的总支出；α_i、γ_{ij}、β_i及λ_i均为待估参数，u_i为误差项，假定服从联合正态分布。

式（5）中，$a(p)$和$b(p)$表示价格指数，分别定义为：

$$\ln a(p) = \alpha_0 + \sum_{j=1}^{n} \alpha_j \ln(p_j) + 0.5 \sum_{i=1}^{n} \sum_{j=1}^{n} \gamma_{ij} \ln(p_i) \ln(p_j) \quad \text{式（6）}$$

$$b(p) = \prod_{i}^{n} p_i^{\beta_i} \quad \text{式（7）}$$

QUAIDS模型是基于给定效用水平下的消费者支出最小化问题，因此应符合各种乳制品的支出占比总和为1，式（5）的消费需求系统模型理论上需要满足以下3个基本的约束条件：第一，满足加总性，即保证每种乳制品的支出总和等于总支出；第二，满足齐次性，即使价格与支出的等比变化不影响乳制品需求量；第三，满足对称性，即保证补偿的需求曲线对乳制品价格的齐次性，为满足这些理论需求，式（5）中的参数必须符合如下要求：

$$\sum_{i=1}^{n} \alpha_j = 1, \ \sum_{i=1}^{n} \gamma_{ij} = 0, \ \sum_{i=1}^{n} \beta_i = 0, \ \sum_{i=1}^{n} \lambda_i = 0$$

齐次性指所有价格和支出成比例变化对需求没有影响，对应的参数要求为：

$$\sum_{j=1}^{n} \gamma_{ij} = 0$$

对称性指希克斯需求函数的交叉价格导数相等，则有：

$$\gamma_{ij} = \gamma_{ji}, i \neq j$$

根据Banks et al.（1997），消费品的非补偿交叉价格弹性计算公式为：

$$e_{ij} = w_i^{-1} \left\{ \gamma_{ij} - \left(\beta_i + \frac{2\lambda_i}{b(p)} \right) \left[\ln\left(\frac{m}{a(p)}\right) \right] \right.$$
$$\left. (\alpha_j + \sum_{i=1}^{n} \gamma_{ji} \ln(p_i)) - \frac{\lambda_i \beta j}{b(p)} \left[\ln\left(\frac{m}{a(p)}\right) \right]^2 \right\} - \delta_{ij} \quad \text{式（8）}$$

注意，如果式中$i=j$，则$\delta_{ij}=1$；否则，$\delta_{ij}=0$。

支出弹性计算公式为：

$$e_i = 1 + w_i^{-1}[\beta_i + \frac{2\lambda_i}{b(p)}\ln(\frac{m}{a(p)})] \qquad 式（9）$$

借鉴Edgerton（1997）的思想，第二阶段各项乳制品的需求收入弹性等于乳制品的消费收入弹性与乳制品i的支出弹性的乘积：

$$\eta_i = e_{d(i)}e_i \qquad 式（10）$$

式中，$e_{d(i)}$表示乳制品的需求收入弹性。

在后文的Tobit模型中得到，e_i表示乳制品i的支出弹性。

2. Tobit模型估计乳制品收入弹性

运用QUAIDS模型无法直接获得各项乳制品的收入弹性，因此，为了更进一步了解城镇居民的乳制品消费行为是如何随收入变化而变化的，在Fuller et al.（2007）和Bai et al.（2008）等研究成果的基础上，构建了一个城镇居民乳制品消费支出的Tobit估计模型，从而获得乳制品消费支出的收入弹性。

假设个体i可观察到的乳制品消费量可设定为：

$$y_i = \begin{cases} y_i^* = X_i\beta + \varepsilon_i^* \\ 0 \end{cases} if \begin{cases} y_i^* < 0 \\ y_i^* \leq 0 \end{cases} \qquad 式（11）$$

式中，y_i^*表示无法观察到的潜变量，它是一系列解释变量的线性函数；ε_i^*为误差项，假设它服从正态分布$\varepsilon_i^* \sim iddN(0,\sigma2)$。

对于一系列可观察到的因变量（y_1，y_2，…，y_n），上述模型的最大似然函数为：

$$L(\beta,\sigma;y) = \prod_{i:y_i=0} F(\frac{-X_i\beta}{\sigma}) \prod_{i:y_i>0} \sigma-1 f(\frac{y_i - X_i\beta}{\sigma}) \quad 式（12）$$

式中，F 和 f 分别表示标准正态变量的分布函数和概率密度函数；$\prod_{i:y_i=0}$ 表示当 $y_i^* \leqslant 0$ 时，个体 i 的乘积；$\prod_{i:y_i>0}$ 表示当 $y_i^* > 0$ 时，个体 i 的乘积。

通过上述函数的对数形式最大化，便可以得到（β，σ）的最大似然估计值。Amemiya（1973，1984）证明了上述估计得到的参数结果是一致的，符合渐进性。

对于式（11），无条件购买的期望值为 $E(y) = X\beta F(z) + \sigma F(z)$，$z = X\beta/\sigma$。当消费者支出为正的时候，期望值为 $E(y|y_i^*>0) = X\beta + \sigma(f(z)/F(z))$。因此，两者之间的关系为 $E(y) = F(z)E(y|y_i^*>0)$。用上式对 x_κ 求导，可得：

$$\frac{\partial E(y)}{\partial x_\kappa} = F(z)\left[\frac{\partial E(y|y_i^*>0)}{\partial x_\kappa}\right] + E(y|y_i^*>0)\left[\frac{\partial F(z)}{\partial x_\kappa}\right] \quad 式（13）$$

式中，$\partial E(y|y_i^*>0)/\partial x_\kappa$ 表示有条件购买的变化，或者说有条件购买的边际效应——它可以识别对于乳制品消费支出大于零的消费者，当自变量 x_κ 变化时，居民乳制品消费量的变化程度。$\partial F(z)/\partial x_\kappa$ 表示对于乳制品消费支出为零的消费者，当自变量 x_κ 变化时，居民消费乳制品概率的变化程度；$F(z)$ 和 $E(y|y_i^*>0)$ 分别表示购买概率和购买的条件期望值。

式（11）两边同时乘以 $x_\kappa/E(y)$ 并简化，可得弹性表达式：

$$\frac{\partial E(y)}{\partial x_\kappa} \cdot \frac{x_\kappa}{E(y)} = \frac{\partial E(y|y_i^*>0)}{\partial x_\kappa} \cdot \frac{x_\kappa}{E(y|y_i^*>0)} + \frac{\partial F(z)}{\partial x_\kappa} \cdot \frac{x_\kappa}{F(z)} \quad 式（14）$$

$$\text{i.e., } \xi_{uncond} = \xi_{cond} + \delta_{pp}$$

式中，

$$\xi_{uncond} = \frac{\partial E(y)}{\partial x_{\kappa}} \cdot \frac{x_{\kappa}}{E(y)};$$

$$\xi_{cond} = \frac{\partial E(y \mid y_i^* > 0)}{\partial x_{\kappa}} \cdot \frac{x_{\kappa}}{E(y \mid y_i^* > 0)};$$

$$\delta_{pp} \frac{\partial F(z)}{\partial x_{\kappa}} \cdot \frac{x_{\kappa}}{F(z)}$$

分别表示无条件弹性、有条件弹性和购买概率弹性。

各类乳制品的收入弹性是根据各类乳制品支出弹性和乳制品收入弹性计算得出，标准误则是根据Bohrnstedt and Goldberger（1969）的计算方法，Delta公式计算得出，详见式（9）。即：

$$\text{Var}(e_d e_i) = E^2(e_d)\text{Var}(e_i) + E^2(e_i)\text{Var}(e_d) + \text{Var}(e_i)\text{Var}(e_d) \quad \text{式（15）}$$

对上述计算得到的方差取平方根便得到相应的标准误。

二、数据来源与描述性统计

（一）样本说明

本节数据来源于2018年7—8月在全国6座典型城市对3 000户居民开展的个人乳制品消费线上调研，共发放调查问卷3 000份，实际回收2 992份，问卷的回收率为99.7%（表4-5）。剔除了因理解有误导致的变量缺失、奶类消费量高于或低于正常值2倍以上异常值导致的无效观察样本以及266个乳制品消费总支出为0的样本后，实际回归用到的样本为2 726个。导致QUAIDS模型的因变量只有2 726个的原因有以下3个：首先，剔除了收入2 000元以下的样本，原因是乳制品消费异常高于其他收入组；其次，剔除西安市家庭月收入在2 001～40 00元但人均乳制品消费大于51.6kg/年或人均液态奶消费大于19.65kg/年的不合理样本；最后，剔除因为因变量缺失不能进行回归的奶类消费总支出为0的样本。

表4-5 样本基本特征统计 单位：个

样本特征	细分变量	频率	样本特征	细分变量	频率
性别	男	1 347	居住地	呼和浩特	437
	女	1 379		成都	453
年龄	≤19岁	171		哈尔滨	451
	20～29岁	714		南京	470
	30～39岁	700		武汉	477
	40～49岁	878		西安	438
	≥50岁	263	家庭月收入	2 000～4 000元	55
受教育程度	初中及以下	61		4 001～6 000元	113
	高中/中专/技校/职高	266		6 001～8 000元	198
	大专	516		8 001～10 000元	307
	本科	1 479		10 001～20 000元	1 113
	研究生及以上	404		20 001～30 000元	616
				30 000元以上	324

数据来源：农业农村部食物与营养发展研究所乳品政策与健康消费团队，2018。

调查所采用的抽样方法考虑到以下3点。第一，为保证样本具有一定的覆盖面和代表性，样本城市选取以中国地理区域为划分依据。我国奶业生产情况受地理区位、气候因素影响，呈现出明显的区域性特征，而不同地域所形成的特色区域性膳食模式及乳制品消费习惯也不尽相同。据此，在每个区域选择1个典型城市进行调研，最终选取呼和浩特、成都、哈尔滨、南京、武汉、西安6座城市分别代表不同经济增长水平的典型地区，同时考虑乳业生产区与消费区。第二，由于线上调研用户多集中在年龄较小的青年群体，为保证调研样本年龄分布的合理性,对调研样本年龄分布参照国家统计局人口结构比例,在每个城市内和不同年龄群体的调研人群采取随机抽样的原则。第三,样本分为饮奶者和非饮奶者,对有饮奶习惯和没有饮奶习惯的人群分别进行不同问卷调研。

(二)城镇居民乳制品消费特征描述

总样本中有消费乳制品的样本2 410个,非乳制品消费样本316个,总样本中有13.1%的受访者不消费乳制品;考虑了零乳制品消费者对均值的影响后,人均乳制品年消费量为54.2kg[①],其中巴氏杀菌乳、灭菌乳、常温酸奶、低温酸奶、奶粉、奶酪和奶油的人均年消费量各为8.1kg、17.9kg、9.8kg、9.1kg、5.0kg、2.5kg和1.8kg。总结来看,白奶、酸奶、奶粉及干乳制品占乳制品消费比重分别为48%、34.9%、9.2%、7.9%,液态奶占比高达82.8%,依然是乳制品消费的主要形式。

城市居民人均乳制品消费量随收入增加而上升。人均奶类年消费量在最高收入组(家庭月收入为30 000元以上)达到最高,为65.1kg/年,除纯牛奶在家庭月收入20 001~30 000元收入组达到最高,其余各类乳制品消费量均在最高收入组达到最高。奶油和奶酪人均消费量在最低收入组消费量很低,奶油消费在家庭月收入2 000~4 000元组为0,但随着收入提高,这两类乳制品人均消费量明显增长,均在最高收入组达到最高。除了纯牛奶外,各类乳制品人均消费量均在最高收入组达到最高,白奶人均消费量在20 001~30 000元月收入组达到最高后,在30 000元以上月收入组消费有所下降,导致其纯牛奶消费量下降的原因是最高收入组人均灭菌乳消费量大幅降

---

① 液态奶和酸奶的折算系数按1∶1、奶粉、黄油和奶酪按1∶8折算成原奶计。

低，人均年消费量减少2.6kg，最高收入组巴氏杀菌乳人均年消费量比20 001～30 000元月收入组还高出0.9kg（表4-6）。

表4-6 城市居民不同收入组人均奶类调研年消费量　　　单位：kg

家庭月收入组	乳制品	纯牛奶	酸奶	奶粉	奶酪	奶油
2 000～4 000元	16.74	7.36	6.51	2.55	0.28	0.04
4 001～6 000元	35.66	18.13	12.36	4.26	0.85	0.06
6 001～8 000元	43.15	23.48	14.07	4.07	0.91	0.62
8 001～10 000元	45.63	22.01	16.87	4.07	1.31	1.37
10 001～20 000元	56.81	27.16	19.84	5.23	2.71	1.87
20 001～30 000元	58.51	29.17	20.14	4.76	2.57	1.87
30 000元以上	65.14	27.44	23.29	6.68	4.63	3.10

数据来源：农业农村部食物与营养发展研究所乳品政策与健康消费团队，2018。

进一步考虑不同地区、不同收入组奶类消费的差异，除武汉和西安乳制品消费随着收入增加而增加，其余城市乳制品消费量在不同收入区间内达到最高。具体分品类看，有以下3个主要特征。第一，成都、武汉在20 001～30 000元月收入区间内白奶消费量最大，随着收入的增长，纯牛奶消费量呈下降趋势；而呼和浩特以及西安地区，人均纯牛奶消费量保持收入上升消费上升的态势，纯牛奶消费在最高收入组达到最高。第二，成都、哈尔滨、武汉人均酸奶消费量在达到8 001～10 000元月收入组前不断上升，在达到8 001～10 000元月收入时人均消费量陡然下降，之后又随收入升高再次增加，表明酸奶消费受到除收入以外的其他因素影响。南京作为主消费区，人均酸奶消费量在8 001～10 000元月收入组达到最高。同时，呼和浩特作为奶类主产区和主消费区，人均酸奶年消费量在最高收入组达到6座城市中的最高值，为27.8kg。第三，呼和浩特、武汉和西安3座城市奶酪和奶油人均消费量在30 000元以上月收入组达到最高，其他城市奶酪奶油人均消费量随着收入增加呈波动变化趋势，总体上看，呼和浩特以及西安地区受消费习惯影响，其奶酪消费量明显高于其他地区（表4-7）。

表4-7 分城市不同收入组人均乳制品年消费量　　单位：kg

分类	家庭月收入	呼和浩特	成都	哈尔滨	南京	武汉	西安
乳制品	2 000~4 000元	15.28	24.80	9.20	20.85	14.27	11.41
	4 001~6 000元	31.00	42.95	33.83	47.61	24.89	16.60
	6 001~8 000元	33.32	44.26	47.07	39.46	29.02	37.02
	8 001~10 000元	50.52	29.25	39.60	52.96	27.46	36.59
	10 001~20 000元	48.15	44.58	48.05	49.79	47.03	53.10
	20 001~30 000元	46.96	47.34	54.35	51.31	50.81	52.42
	30 000元以上	62.34	40.68	54.13	47.53	50.90	61.63
白奶	2 000~4 000元	9.69	15.60	3.65	16.72	6.83	1.95
	4 001~6 000元	19.51	25.40	20.51	26.53	9.99	9.97
	6 001~8 000元	20.83	25.02	27.10	29.48	19.23	22.20
	8 001~10 000元	28.47	19.31	22.15	27.72	16.39	18.06
	10 001~20 000元	27.26	27.47	26.62	28.37	25.57	28.05
	20 001~30 000元	28.41	28.30	32.99	28.69	28.19	29.55
	30 000元以上	32.01	21.60	27.79	25.12	26.29	32.85
酸奶	2 000~4 000元	4.68	8.94	5.45	4.13	7.44	9.46
	4 001~6 000元	10.85	16.89	12.90	18.73	14.34	6.55
	6 001~8 000元	11.95	17.90	19.29	9.38	8.66	14.52
	8 001~10 000元	20.89	9.60	16.61	24.28	10.51	17.52

(续表)

分类	家庭月收入	呼和浩特	成都	哈尔滨	南京	武汉	西安
酸奶	10 001~20 000元	19.62	15.79	20.26	20.42	20.16	23.77
	20 001~30 000元	17.42	18.14	20.01	21.29	21.18	22.24
	30 000元以上	27.84	17.96	24.38	21.15	23.22	25.91
奶粉	2 000~4 000元	0.00	2.08	0.57	0.00	0.00	0.00
	4 001~6 000元	1.33	2.17	2.37	18.62	4.53	0.62
	6 001~8 000元	0.11	6.44	4.38	4.51	6.59	0.88
	8 001~10 000元	1.25	2.17	4.78	4.91	3.24	1.78
	10 001~20 000元	3.37	4.47	4.93	5.16	7.24	5.00
	20 001~30 000元	3.94	4.25	5.76	5.88	6.15	1.89
	30 000元以上	6.50	7.13	9.25	3.70	2.49	12.02
奶酪	2 000~4 000元	0.10	0.00	0.00	0.00	0.00	0.00
	4 001~6 000元	0.80	2.77	0.92	0.24	0.00	0.00
	6 001~8 000元	0.10	4.20	0.19	0.20	1.84	0.13
	8 001~10 000元	1.10	0.36	0.49	1.74	0.32	3.11
	10 001~20 000元	3.00	3.04	2.67	1.86	1.94	3.68
	20 001~30 000元	3.50	1.73	2.15	2.79	3.47	1.16
	30 000元以上	5.80	0.83	3.49	4.65	5.25	7.09

（续表）

分类	家庭月收入	呼和浩特	成都	哈尔滨	南京	武汉	西安
奶油	2 000~4 000元	0.00	0.00	0.19	0.00	0.00	0.00
	4 001~6 000元	0.00	0.28	0.08	0.00	0.00	0.00
	6 001~8 000元	0.14	0.00	0.84	0.17	0.55	1.41
	8 001~10 000元	0.67	0.20	1.43	1.01	0.91	3.20
	10 001~20 000元	2.64	3.09	1.80	1.00	1.16	1.55
	20 001~30 000元	1.49	1.20	2.96	1.98	1.87	1.94
	30 000元以上	6.33	0.90	2.94	1.70	3.33	3.87

三、模型估计与结果

（一）基于QUAIDS模型回归所得的弹性分析

表4-8与表4-9分别显示的是QUAIDS模型估计出的支出弹性值与价格弹性值，对于巴氏杀菌乳、灭菌乳、常温酸奶、低温酸奶、奶粉和奶酪奶油的支出弹性值估计结果及其显著性。各类乳制品的自价格弹性、交叉价格弹性和支出弹性是根据模型部分的公式计算得出。从表4-8中可以看出，各类乳制品的自价格弹性大都在5%水平上显著，超过60%的交叉价格弹性在5%水平上显著，各类乳制品支出弹性均在5%水平上显著，这说明QUAIDS模型的拟合效果良好。

表4-8　QUAIDS模型各类乳制品支出弹性值及显著性

巴氏杀菌乳	灭菌乳	常温酸奶	低温酸奶	奶粉	奶酪奶油
1.145**	0.840**	1.054**	0.966**	1.002**	1.945**
（0.034）	（0.022）	（0.029）	（0.028）	（0.040）	（0.083）

注：**表示在5%以下统计水平上显著。

表4-9 QUAIDS模型各类乳制品价格弹性值及显著性

价格弹性分类	类比项目	巴氏杀菌乳	灭菌乳	常温酸奶	低温酸奶	奶粉	奶酪奶油
补偿价格弹性	巴氏杀菌乳	-1.440**	0.558**	0.295**	0.310**	0.201**	0.078**
	灭菌乳	0.305**	-0.998**	0.269**	0.248**	0.118**	0.059**
	常温酸奶	0.242**	0.401**	-1.257**	0.404**	0.131**	0.080**
	低温酸奶	0.242**	0.352**	0.386**	-1.133**	0.105**	0.048**
	奶粉	0.366**	0.390**	0.292**	0.245**	-1.278**	-0.015
	奶酪奶油	0.588**	0.826**	0.731**	0.458**	-0.064	-2.539**
非补偿价格弹性	巴氏杀菌乳	-1.631**	0.210**	0.062	0.066**	0.096**	0.053**
	灭菌乳	0.165**	-1.253**	0.098**	0.069**	0.041**	0.041**
	常温酸奶	0.066**	0.081**	-1.471**	0.179**	0.035	0.056**
	低温酸奶	0.082**	0.059**	0.189**	-1.339**	0.017	0.026**
	奶粉	0.200**	0.086	0.088**	0.031	-1.370**	-0.037
	奶酪奶油	0.265**	0.234**	0.336**	0.044	-0.242**	-2.582**

注：**表示在5%以下统计水平上显著。

整体上，奶酪奶油这类乳制品的支出弹性最高，对白奶和酸奶两大类乳制品细分后，发现巴氏杀菌乳和低温酸奶的支出弹性分别高于灭菌乳和常温酸奶，说明城镇居民的新型乳制品消费[①]对支出的变动更敏感。除灭菌乳和低温酸奶的支出弹性小于1以外，其他乳制品的支出弹性均显著大于1。其中，奶酪奶油消费支出弹性最大，为1.945；其次是巴氏杀菌乳支出弹性，为1.145。

各类乳制品的补偿自价格弹性绝对值均小于非补偿的自价格弹性（表4-9），说明收入补偿能够一定程度上抵消价格变动对居民乳制品消费的影响，并且城镇居民对乳制品价格变化的反应较为敏感。从非补偿价格弹性值看，各类乳制品消费的自价格弹性绝对值均大于1，且在5%的水平上显著，说明乳制品为富有弹性产品，其中奶酪奶油的自价格弹性绝对值最大，其自价格弹性为-2.582，其次是巴氏杀菌乳和常温酸奶，自价格弹性分别为-1.631和-1.471，常温奶的自价格弹性绝对值最低。相对来说，城镇居民对奶酪奶油、巴氏杀菌乳、常温酸奶等新型乳制品价格变化的反应最敏感。从不同种类乳制品消费的支出与非补偿自价格弹性来看，所有的乳制品消费的支出弹性均小于对应乳制品种类的马歇尔自价格弹性的绝对值，这表明当乳制品支出与对应乳制品价格同比变化时，城市居民将减少这类乳制品的消费。

补偿的交叉价格弹性反映了不同乳制品间的补充替代关系。具体来说，正值说明两种乳制品互为替代关系，负值代表两者之间为互补品关系。表4-9中补偿价格弹性结果表明，大部分乳制品消

[①]本节提到的新型乳制品包括以下3类：巴氏杀菌乳、常温酸奶（如安慕希、莫斯利安）、奶酪奶油。近年来，我国低温酸奶发展放缓，常温酸奶异军突起，处于高速增长期。2010—2017年，我国常温酸奶年均复合增长率高达93.21%。2015年常温酸奶市场规模首次突破百亿大关。近年来，奶酪需求量随着大批的西点烘焙店和西式快餐店在大中型城市陆续开业而快速上升。未来国内奶酪消费的增长很大一部分是依赖西餐饮食业和烘焙行业规模的持续增长，但奶酪零售市场依然有很大的提升空间。

费对其他乳制品的交叉价格弹性为正值，说明两种乳制品为替代关系，即当任何一种乳制品价格上涨，城市居民会倾向于购买其他乳制品。以消费比重最高的灭菌乳为例，灭菌乳对其他乳制品的交叉弹性由大到小依次为奶酪奶油、巴氏杀菌乳、常温酸奶、奶粉和低温酸奶，弹性值分别为：0.826、0.558、0.401、0.390、0.352。另外，奶粉和奶酪奶油的交叉价格弹性为负值，表现为互补关系，奶粉对奶酪奶油和奶酪奶油对奶粉的弹性值分别为-0.064和-0.015。

（二）Tobit模型得到的收入弹性估计结果

需求收入弹性反映了在其他因素不变的情况下，城市居民收入变化所引起的不同乳制品需求的变化程度。表4-10列出了各类乳制品收入弹性值的估计结果，各类乳制品的收入弹性值均为正，反映了收入变化对乳制品消费的正向影响作用。当价格不变时，城镇居民收入水平每增加1%，巴氏杀菌乳、灭菌乳、常温酸奶、低温酸奶、奶粉和奶酪奶油人均消费量将分别增加3.568%、0.988%、1.209%、2.469%、2.452%和2.174%。

表4-10 各类乳制品收入弹性值估计结果

巴氏杀菌乳	灭菌乳	常温酸奶	低温酸奶	奶粉	奶酪奶油
3.568***	0.988*	1.209**	2.469***	2.452***	2.174***
（0.542）	（0.549）	（0.523）	（0.527）	（0.372）	（0.524）

注：*、**、***分别表示在10%、5%和1%以下统计水平上显著。

具体看来，巴氏杀菌乳的收入弹性值高于其他乳制品，说明城镇居民巴氏杀菌乳的消费对收入的变动最为敏感，其次是低温酸奶和奶粉，灭菌乳的收入弹性值最低，且小于1，说明消费者对灭菌乳的消费受收入变动的影响最小，灭菌乳也是目前我国居民乳制品消费最主要的形式。随着收入增长,城镇居民乳制品消费结构从灭菌乳向巴氏杀菌乳转变。比较各类乳制品的收入弹性和马歇尔自价格弹性发现,当乳制品价格与收入同比变化时城市居民将减少这种乳制品的消费。

通过上述对各类乳制品的价格支出弹性、价格弹性和收入弹性分析可知,城镇居民对乳制品依然有较大需求,且收入水平的增加在一定程度上也将带来乳制品消费结构的变化、带动乳品消费的转型升级,主要表现在巴氏杀菌乳较强的替代作用和较高的收入弹性,根据目前我国居民液态奶消费结构占比推算,人均收入每增加1%,人均奶类消费增长1.74%,这也就是说收入同等变化的情况下,巴氏杀菌乳的消费增幅高于液态奶平均值1.83个百分点。当前对于奶酪奶油、巴氏杀菌乳、奶粉和常温酸奶消费有较强的自价格弹性,其他种类乳制品对奶酪奶油及巴氏杀菌乳的替代效应明显,尤其是对奶酪奶油。

四、主要结论

未来城镇居民乳制品消费结构仍以液态奶形式为主,奶酪奶油的消费增长率将快于其他乳制品。巴氏杀菌乳、低温酸奶和奶酪奶油的收入弹性分别为3.568、2.469和2.174,明显高于灭菌乳0.988,说明随着人均国民收入的提高,对新型乳制品的需求增长大于传统型乳制品,城镇居民乳制品消费结构将从灭菌乳向巴氏杀菌乳转变,这与先前的传统液态奶消费增长趋缓的研究结论是一致的。通过乳制品支出分析乳制品消费结构发现,随着未来城镇居民人均乳制品支出水平上升,城镇居民会将更多的支出增加额用于奶酪奶油、巴氏杀菌乳和常温酸奶上。

各类乳制品自价格弹性的绝对值均大于1，且大部分乳制品之间存在明显替代效应。对乳制品的弹性估计分析表明，当任何一种乳制品价格上涨，城镇居民会倾向于购买其他乳制品。灭菌乳作为居民乳制品消费的最主要形式，对其替代作用最强的乳制品依次为奶酪奶油、巴氏杀菌乳、常温酸奶、奶粉和低温酸奶。另外，奶粉奶酪奶油互为互补品，奶粉对奶酪奶油和奶酪奶油对奶粉的弹性值分别为-0.064和-0.015。

消费者对乳制品价格敏感，价格是抑制乳制品消费的重要因素。研究结果表明，大部分乳制品支出弹性均显著大于1，其中奶酪奶油消费支出弹性最大，为1.945；其次是巴氏杀菌乳，支出弹性为1.145，这说明消费者在意乳制品价格，价格越高，对乳制品消费的抑制作用越明显。根据收入弹性估计结果，当价格不变时，随着城镇居民收入水平的上升，各类乳制品消费量均会有所增加。比较来说，城镇居民对奶酪奶油的价格变化更为敏感，其次是巴氏杀菌乳和常温酸奶，目前，我国人均奶酪消费量仅有0.04kg/年，仅为美国的1/400和日本和韩国的1/60，随着居民收入的提高，人均奶酪消费增长潜力很大。

第五章 乳制品的营养价值

第一节 乳制品的主要营养成分

乳制品是一种营养成分齐全、组成比例适宜、易消化吸收、营养价值高的天然食品。主要营养素有蛋白质、脂肪、乳糖、矿物质、维生素、核苷和核苷酸、激素及生长因子等，还有功能性物质（如乳铁蛋白），以及益生菌等。

（一）蛋白质

蛋白质是乳制品的主要营养成分之一。不同动物乳，其蛋白质含量有所区别，大体含量为人乳1.0%、牛乳3.2%、牦牛乳5.8%、水牛乳3.8%、山羊乳3.2%、绵羊乳4.6%、马乳2.5%、骆驼乳3.6%。牛奶中蛋白质含量平均为3%，消化率高达90%以上，其必需氨基酸比例也符合人体需要，属于优质蛋白质。乳蛋白质主要由两大部分组成，即酪蛋白和乳清蛋白。酪蛋白与乳清蛋白比例约为80∶20（质量比）。酪蛋白和乳清蛋白是在乳腺中合成的，在自然界其他地方不存在。乳蛋白能为我们身体提供每日必需的氨基酸，是能量的来源。乳蛋白还有其他微量蛋白，如乳铁蛋白、骨桥蛋白、血管源蛋白、激肽原、血浆铜蓝蛋白等。

牛乳中含有全部的必需氨基酸，1L牛乳可以满足或超过成年人每日必需氨基酸的需要量。所以，牛乳蛋白被称为"完全蛋白质"和最好的蛋白质。牛乳蛋白质消化吸收率比植物蛋白质高。牛乳蛋白质消化吸收率一般为90%～100%，而植物蛋白质只有80%～90%。由于牛乳蛋白质已经呈良好的乳浊状态分散于乳液中，所以消化吸收的速度也比肉、蛋、鱼、面包等快。乳蛋白也是能量的来源。牛乳由于含水分较多，所以单位重量牛乳的热量供给较低，每100g牛乳（平均组成的）可提供288kJ的热量。按牛乳成分划分，蛋白质提供的热量占19%。

（二）脂肪

脂肪是乳中主要的能量物质和重要营养成分，是迄今为止已知的组成和结构最复杂的脂肪。牛乳中脂肪含量为3%～4%，并以微脂肪球的形式存在，有利于消化吸收。乳脂肪中约95%为甘油三酯，其余为磷脂、胆固醇和其他类脂及游离脂肪酸。要维持人体健康，每天必须摄入一定数量的脂肪。乳脂肪中的某些成分具有抗菌、抗癌和抗氧化的作用。乳脂肪中含有全部已知的脂溶性维生素A、维生素D、维生素E、维生素K。其中维生素A和胡萝卜素含量很高，胡萝卜素赋予牛乳以淡黄色，摄入体内后会形成维生素A。脂肪含量≥3.1%为全脂奶；脂肪含量≤1.5%为低脂奶，适合高脂血、动脉粥样硬化患者饮用；脂肪含量≤0.5%为脱脂奶，适合高脂血、动脉粥样硬化患者饮用。

（三）乳糖

乳糖是哺乳动物乳汁中特有的成分，也是乳中最主要的碳水化合物。乳糖的含量，因动物种类不同而含量有所差异，大体为人乳6.7%、牛乳4.6%、牦牛乳4.6%、水牛乳4.8%、山羊乳4.3%、绵羊乳4.8%、马乳6.2%、骆驼乳5.0%。牛乳中所含糖类的99.8%为乳糖，此外还有少量的葡萄糖、果糖、半乳糖。乳糖的甜度相当于蔗糖的0.4（蔗糖1.0、果糖1.2、葡萄糖0.7）。乳糖的血糖生成指数为46（葡萄糖100、绵白糖84、蔗糖65、果糖23、麦芽糖105、蜂蜜73）。

乳糖是乳能量的一部分。乳糖代谢生成半乳糖，半乳糖对于婴幼儿智力发育非常重要，它能促进脑苷脂类和黏多糖类的生成，所以生产婴幼儿配方乳粉的碳水化合物必须是乳糖，而且要占到碳水化合物总量的90%以上。乳糖衍生的产物有乳果糖、乳糖醇、乳糖酸和低聚半乳糖。乳果糖、低聚半乳糖是益生菌——双歧杆菌生长的促进剂；乳果糖、乳糖醇不易被消化，可以作为可溶性纤维的来源，并被广泛用于治疗便秘。乳糖的另一个重要特点，是能促进肠道内乳酸菌的生长，从而可以抑制肠道内异常发酵所造成的不良影响。乳糖还可以促进钙的吸收。

（四）矿物质

矿物质又称无机盐或灰分，在人体构成上所占比例虽然很小，却是不可缺少的。它是构成人体组织和维持正常生理功能必需的各种元素的总称，主要有钙、磷、钠、氯、钾、镁、硫等。此外还有微量元素，包括钴、铜、碘、铁、锰、钼、硒、锌、铝、钛、硼、溴、氟、硅等。值得一提的是，乳中各种无机盐之间是处于平衡状态，能够维持身体的正常生理功能。如钙和磷合适的比例适于构成骨骼，钾和钠合适的比例适于维持体液的渗透压以及体液的酸碱平衡。300g液态奶或相当于300g液态奶蛋白质含量的其他奶制品，能够提供约310mg钙。

（五）维生素

牛乳是各种维生素的优良来源。它含有几乎所有种类的脂溶性和水溶性维生素，可以提供相当数量的维生素B_2、维生素B_{12}、维生素A、维生素B_6和泛酸。牛乳中的烟酸含量不高，但由于牛乳中蛋白质中的色氨酸含量高，可以帮助人体合成烟酸。牛乳中还含有少量维生素C和维生素D。目前市售消毒鲜奶普遍强化维生素A和维生素D，成为这两种维生素最方便和廉价的膳食来源之一。牛乳中的淡黄色来自类胡萝卜素和维生素B_2，其中胡萝卜素的含量受饲料和季节影响，青饲料多时含量增加。维生素A、维生素D、维生素E的含量也受季节的影响。水溶性维生素受季节的影响较小。

（六）乳铁蛋白

乳铁蛋白是哺乳动物主要天然免疫防御系统的糖蛋白，存在于乳汁和其他黏膜分泌物中。牛奶中含有的乳铁蛋白是目前公认的具有多效免疫调节活性的蛋白质，巴氏杀菌乳由于杀菌条件更为温和，可以较好地保持其生物活性。值得注意的是，乳铁蛋白还表现出免疫调节活性，对先天性免疫细胞和适应性免疫细胞进行上下调节，有助于黏膜表面（如胃肠道和呼吸道）暴露于各种微生物制剂的稳态。乳铁蛋白可以影响到多种免疫细胞，包括淋巴细胞、巨噬细胞、朗罕式细胞等，在病毒侵染的早期，乳铁蛋白防止病毒对宿主细胞的识别和入侵，因此具有一定的抗病毒活性。研究表明，乳铁蛋白通过封闭细胞膜上HSPG（硫酸乙酰肝素蛋白多糖，病毒增殖侵入细胞的锚定位点）抑制病毒的侵袭，从而在SARS-CoV感染人体的时候，发挥着重要的机体免疫保护机制。

（七）益生菌

乳经乳酸菌发酵形成传统上的酸奶或其他类型的发酵乳。乳发酵过程中，乳糖、蛋白质和脂肪等营养成分部分发生水解，更容易被人体消化吸收。特别是乳糖经发酵后，减少或避免了乳糖不耐受的发生，所以发酵乳更适合一些老年人或乳糖不耐人群食用。益生菌可以定殖在肠道，除直接对肠道健康产生益处，还可以改善肠道微生态，有利于人体健康。发酵乳中常见的益生菌主要有双歧杆菌属和乳杆菌属。有的益生菌也可以以冻干粉的形式添加在奶粉中。益生元是可以选择性促进有益菌在肠道内生长繁殖的物质，益生元通过促进有益菌的繁殖，抑制有害菌生长，从而达到改善肠微生态环境，促进身体健康的目的。乳制品中常见的益生元主要有低聚果糖、低聚异麦芽糖、低聚半乳糖、低聚木糖、菊粉等。乳制品中益生菌和益生元的添加使用应当符合国家卫生健康委发布的食品安全国家标准和有关规定的要求。

第二节　不同乳制品的主要营养特点

（一）巴氏杀菌乳

巴氏杀菌乳也叫低温奶，采用72~85℃低温巴氏杀菌法加工而成。巴氏奶是一种"低温杀菌牛奶"，原奶中的有害微生物一般都已经杀死，但还会保留其他一些微生物，因此这种牛奶从离开生产线，到运输、销售、存储等各个环节，都要求在4℃左右的环境中冷藏。保质期一般为7d左右。产品包装一般采用"新鲜屋"屋顶包纸盒、玻璃瓶和塑料袋包装。灭菌会影响奶制品的营养价值，受影响最大的是水溶性维生素和蛋白质，加热温度越高，营养素损失的就越多。巴氏杀菌法既能杀灭生鲜牛乳中的致病微生物，又能最大程度保留了牛奶本来的口感和活性营养物质。特别最大程度地保留了乳铁蛋白和免疫球蛋白，这两类活性物质都是牛奶质量的核心。巴氏杀菌乳的营养价值要稍高一些，巴氏杀菌时约有10%的乳清蛋白变性，而超高温灭菌时可能有70%的乳清蛋白变性。从包装上来看，屋顶包纸盒装巴氏杀菌乳的营养价值高于塑料袋装巴氏杀菌乳。制作屋顶包纸盒装杀菌乳对原奶品质的要求最高，灌装无菌条件和保质效果也最好，而塑料袋装杀菌乳受避光和防透气不良等因素的影响比较多。在日常生活中，巴氏杀菌乳是营养丰富的食品，它不仅含有优质蛋白质，还含有多种身体所需要的维生素和矿物质，如维生素A、维生素B_1、维生素B_2、维生素C，以及钙、锌、铁、硒等，因而是日常饮食中不可缺少的营养品。因为牛奶含钙高（104mg/100mL），吸收好，所以喝牛奶也是最好的补钙方法。

（二）超高温灭菌乳

超高温灭菌乳（ultra high-temperature milk，UHT）也叫常温奶，以生鲜牛乳或复原乳为主要原料，添加或不添加辅料，采用135-150℃超高温瞬时灭菌技术加热2~3秒生产加工而成，并迅速回落至室温。灭菌乳不需冷藏，常温下保质期1~8个月。一般采用UHT无菌砖或无菌枕、百利包包装。

在安全方面，经过UHT加工的牛奶，几乎不可能还有细菌存活。在密封条件下，经过这样处理的牛奶不用冷藏，并且不需要加防腐剂也可以保持几个月甚至更长。因此，从细菌和毒素的角度来说，UHT奶的安全性确实要高一点。在营养成分方面，UHT更"严苛"的加热条件使得它对维生素的破坏也会更多。如果是要比较营养"谁高谁低",自然是巴氏杀菌乳稍胜一筹。

(三)酸奶

酸奶是用鲜奶(或奶粉)和白砂糖为主要原料,加入经特殊筛选的乳酸菌,在适宜温度(20~40℃)下发酵成的乳制品。在超市货架上常看到放到冷藏柜中的低温酸奶和放在普通货架上的常温酸奶。低温酸奶需要放在冷藏柜是因为在乳酸菌发酵完成后,就要给酸奶降温,让乳酸菌停止生长和产酸,否则不断产生的乳酸会抑制乳酸菌活性。常温酸奶是通过热处理给发酵完成后的酸奶再次灭菌。由于杀死了"活的乳酸菌",因此它的口味不会因储存而改变,可以在常温下存放数月。

酸奶不仅保留了鲜牛奶原来的营养价值,而且经发酵后,提高了蛋白质和脂肪、矿物质等的消化吸收率,其营养价值高于牛奶。原奶发酵的酸奶营养价值高于用奶粉发酵的酸奶。奶粉在由鲜奶浓缩、喷雾干燥的过程中,维生素B_1、维生素B_6和维生素C遭到破坏,尤其是维生素C。消费者在选购酸奶产品时,要仔细看产品包装上的标签标识,特别是要看配料表和产品成分表。

不同品牌的酸奶里,往往标注包含不同的双歧杆菌、嗜酸乳杆菌、保加利亚乳杆菌、嗜热链球菌等。普通酸奶为牛奶经保加利亚乳杆菌和嗜热链球菌发酵而成,在乳酸菌发酵过程中,产生了对人体有益的代谢产物。特殊保健酸奶中含有某些特殊有益菌,如双歧杆菌、嗜酸乳杆菌等,其具有在人体肠道内定殖的能力,有利于调节人体肠道微生态的平衡。

(四)全脂、低脂和脱脂牛奶

全脂牛奶的脂肪含量为3%左右,低脂牛奶(半脱脂奶)含脂肪1.0%~1.5%,脱脂牛奶含脂肪不到0.5%。全脂牛奶脂肪含量高,口感好、热量高,较好地保留了很多脂溶性的维生素,如维生素A、维生素D、维生素E、维生素K的营养。全脂牛奶适合婴幼儿、少年儿童、孕妇饮用。

低脂牛奶去掉了牛奶中的部分脂肪,保留了牛奶中大部分营养,口感顺滑,不腻。适合需要适当控制血脂的人,比如新陈代谢开始减慢的中老年人,以及想控制脂肪摄入的减肥人士。市场上的特浓奶和低脂奶的脂肪含量差异其实只有2%左右,对人体的作用差异很小。牛奶中3%的脂肪不会造成肥胖。但是对于患有糖尿病、肥胖或高脂血的患者,喝低脂奶更好些。

脱脂牛奶去掉了牛奶中的大部分脂肪,在去除脂肪的同时,脂溶性维生素也会被除去,口感较淡。脱脂牛奶适合限制脂肪摄入量的人(高脂血、肥胖人群)饮用。

(五)初乳

牛初乳是指健康母牛产后2~3d内分泌的乳汁,在乳品行业,则一般定义为产后7d内分泌的乳汁。牛初乳含有丰富的营养物质。天然牛初乳中蛋白质、碳水化合物含量多,并富含脂肪、维生素和矿物质。其中蛋白质含量是常乳的4~8倍,脂肪含量比常乳约高23.5%。牛初乳中碳水化合物主要为乳糖,约占糖类99.5%;其还含有维生素C、B族维生素等水溶性维生素,以及维生素A、维生素D、维生素E等脂溶性维生素;牛初乳中还含有23种矿物质元素,包括钙、镁、钾等人体必需的营养元素,其中钙的含量较多,为0.15%~0.26%,特别是第一次挤奶所得初乳中钙含量为常乳的

2倍，磷、钠、锌、铁、锰等矿物质含量也明显高于常乳；牛初乳中有免疫球蛋白、乳铁蛋白、乳过氧化物酶、溶菌酶、T淋巴细胞、B淋巴细胞、巨噬细胞和嗜中性粒细胞、胰岛素生长因子，以及多种免疫因子和生长因子，可以提高机体抵抗力，改善胃肠道并促进生长发育。

研究显示，牛初乳中的多种免疫因子和生长因子都能起到调节胃肠道菌群、维持机体平衡、促进胃肠蠕动和消化吸收、加强蛋白质合成和组织成长、提高矿物质生物利用率等作用，具有一定的促进生长发育的功能。对6个月以下的婴儿来说，母乳是最好的食品。如果母乳不足，可以考虑添加婴儿配方食品。牛初乳只是一种营养丰富的食品，不能把它当作功能神奇的保健品，也更没有必要花更多的钱专门购买加入了牛初乳的产品。

（六）炼乳

炼乳是用鲜牛奶经过消毒浓缩制成的饮料，它的特点是可贮存较长时间。炼乳通常是将鲜乳经真空浓缩或其他方法除去大部分的水分，浓缩至原体积25%～40%，再加入40%的蔗糖装罐制成的。炼乳太甜，必须加5～8倍的水来稀释。但当甜味符合要求时，往往蛋白质和脂肪的浓度也比新鲜牛奶下降了一半。如果在炼乳中加入水，使蛋白质和脂肪的浓度接近新鲜牛奶，那么糖的含量又会偏高。炼乳广泛应用在酒店食品用品、烘焙食品用品、食品添加剂原料用品、休闲食品用品领域，具体产品有奶茶、奶咖、蛋糕、饼干、冰淇淋、酸奶、冰沙等。炼乳以其独特的香醇滋味对相应食品起到调味、调香、调色的作用。

（七）奶酪

奶酪是以乳、稀奶油、脱脂乳或部分脱脂乳、酪乳或这些原料的混合物为原料，经凝乳酶或其他凝乳剂凝乳，并排出部分乳清而制成的新鲜或经发酵成熟的产品。干酪加工是对乳的特殊浓缩的工艺过程，10kg乳约生产1kg干酪，干酪的主要成分为蛋白质和脂肪，其含量比原料乳中的蛋白质和脂肪高了10倍。此外，其所含的钙、磷等无机成分，维生素A、维生素B和烟酸等维生素，除能满足人体营养需要外，还具有重要的生理功能。特别是，经过发酵成熟后，蛋白质分解成氨基酸等可溶性物质，易被人体消化吸收。

干酪中蛋白质的消化吸收率可达96%~98%。乳糖在干酪的制作过程中大部分随乳清排出，剩余的乳糖在干酪发酵成熟过程中部分或全部被转化为乳酸，因此干酪中几乎不含乳糖。所以，干酪很适合乳糖不耐受的消费者食用。对于成长发育旺盛的青少年儿童以及孕妇和中老年人来说，干酪是钙和蛋白质的优质膳食来源。1份（50g）硬质干酪的钙含量即可达到成人钙日需求量的一半（1 200mg），因此被誉为"奶黄金"。此外，干酪在乳酸菌发酵成熟过程中还会形成大量功能性多肽、氨基酸、游离脂肪酸等小分子物质，并富含有机酸和维生素。大量动物实验和流行病学研究表明，食用干酪具有防治龋齿、缓解骨质疏松、抗氧化等益处。

（八）复原乳

复原乳是指把浓缩乳（炼乳）或乳粉，再添加适量的水，制成与原乳中水、固体物比例相当的乳液。国家标准规定酸牛奶、灭菌奶及其他乳制品可用复原乳做原料，但巴氏杀菌乳不能用复原乳做原料。同时，以复原乳为原料的产品应标明为"复原乳"，或在配料表中注明"水、奶粉"。

复原乳是把牛奶先做成奶粉，再加水冲兑还原得到的。因为在干燥前要经过一次高温灭菌，冲兑之后还要再经过一次高温，所以加热程度是最深的。人们对复原乳最大的担心就是"营养流失严重"。但实际上，加热对复原乳营养的破坏远没有传说的那么大。食物中的蛋白质经过加热变性不仅不会损失营养，甚至还有助于消化。而钙是无机盐，怎么加热都不会变化，几乎不受高温的影响。加热可对复原乳中维生素造成损失，根据数据显示，在牛奶中，相对于人体需求量而言，含量比较丰富的是维生素B_2和维生素B_{12}。如果把奶粉按比例复原成液态奶，比较它与鲜奶的维生素含量，二者损失15%左右。

（九）乳粉

乳粉是以生鲜乳为主料，添加或不添加辅料，经杀菌、浓缩、干燥等工艺制成的粉状产品。乳粉能较好地保存生鲜乳的特性及营养成分。乳粉生产不是简单地将乳中的水分蒸发干，而是采用科学工艺和加工设备，不仅最大限度地保持了牛乳的营养成分和香味，并具有良好的冲调性。实际生产中，将最终制成干燥粉末状的乳制品均归于乳粉类。因此，乳粉的种类很多，目前国内外以全脂乳粉、脱脂乳粉、调制乳粉、婴幼儿配方乳粉生产为主。

固体乳制品是乳粉概念的延伸，主要包括乳清粉、酪乳粉、奶油粉、干酪素和乳糖等产品，其共同点在于都是以牛乳或羊乳的部分成分或乳制品加工后的剩余部分为原料，经过回收、分离、浓缩和干燥而制成的粉末状乳制品。奶粉是牛奶经加工制成干粉，其优点是易于运输保存，方便，需要时即可冲饮，但奶粉在干燥加工过程中有些营养素被不同程度破坏，如维生素C、维生素B_2、维生素B_1、维生素A及铁等，因此奶粉的营养在某些方面不如鲜牛奶，现在有些质量较好的奶粉，根据不同年龄段的需要添加了不同的营养成分，如核苷酸、DHA、牛磺酸、抗氧化营养素等，必要时也可根据情况选用。

婴幼儿配方奶粉通常是以牛乳或羊乳为基础，通过添加蛋白质、脂肪、乳糖等宏量营养素，矿物质、维生素等微量营养素，以及其他具有生物活性的微量功能成分而制成的可替代母乳的婴幼儿食品。对于母乳不足或无法获得母乳的婴幼儿，配方奶粉是其不二选择。配方奶粉不仅可满足婴幼儿的基本生长发育需求，其中强化的多种功能成分还可进一步促进婴幼儿胃肠道、神经系统和免疫系统的发育成熟。对于饮食不均衡的儿童建议优选营养全面的配方奶粉。

（十）调制乳

调制乳就是在不低于80%的纯奶或者复原乳的基础上，添加食品添加剂、营养强化剂或其他原料，经灭菌罐装制作而成的产品。调制乳大致分为3种类型。

营养强化型是在生牛乳或复原乳中添加维生素、矿物质、功能成分，使之不仅具有牛乳的营养，而且还具有某些特定的功能。如高钙奶。

风味型是在生牛乳或复原乳中添加食糖及风味物质，改变产品的风味、口感，提升嗜好性。如咖啡奶、可可奶、水果香味奶。

营养素调整型是通过对牛奶中的某种营养素结构调整，使之能够适应某些特定消费群体的需求。如低乳糖乳。

（十一）含乳饮料

含乳饮料以乳或乳制品为原料，加入水及适量辅料经配制或发酵而成的饮料制品。含乳饮料还可称为乳（奶）饮料、乳（奶）饮品。市面上常见的含乳饮料分为配置型含乳饮料、发酵型含乳饮料和乳酸菌饮料3类。

调配型乳饮料：以乳或乳制品为原料，加入水，以及白砂糖和（或）甜味剂、酸味剂、果汁、茶、咖啡、植物提取液等的一种或几种调制而成的饮料。这类乳饮品的营养价值及功能远远低于发酵型乳酸菌奶饮料。每100g配制型含乳饮料中蛋白质含量不应低于1.0g。

发酵型含乳饮料：以乳或乳制品为原料，经乳酸菌等有益菌培养发酵制得的乳液中加入水，以及白砂糖和（或）甜味剂、酸味剂、果汁、茶、咖啡、植物提取液等的一种或几种调制而成的饮料，如乳酸菌乳饮料。发酵型含乳饮料还可称为酸乳（奶）饮料、酸乳（奶）饮品。每100g发酵型含乳饮料中蛋白质含量不应低于1.0g。

乳酸菌饮料：以乳或乳制品为原料，经乳酸菌发酵制得的乳液中加入水，以及食糖和（或）甜味剂、酸味剂、果汁、茶、咖啡、植物提取液等的一种或几种调制而成的饮料。每100g乳酸菌饮料中蛋白质含量不应低于0.7g。

第三节　乳制品的营养功效

（一）乳制品摄入可促进儿童生长发育

儿童是生长发育的关键时期，身高、体重增长迅速，代谢旺盛。乳制品可提供儿童生长发育所必需的优质蛋白质、钙、维生素

A、维生素B等多种营养物质，对促进儿童生长发育，改善儿童健康状况具有积极作用。饮奶可促进儿童生长发育。儿童时期生长迅速，代谢旺盛，对各种营养素的缺乏和过剩尤为敏感。在各类食品中，奶类营养最为齐全，所含的蛋白质、脂肪、碳水化合物、矿物质、维生素等营养素的配比十分平衡，对儿童体格和智力的发育具有重要作用，保证了儿童、少年生长发育对营养物质的需求，增加了机体防病抗病的能力。

牛奶或普通全脂奶粉为儿童生长发育提供优质的蛋白质和丰富的钙。乳蛋白在牛奶中的含量为3.0%~3.5%，其在人体中的消化吸收率高，与其他植物蛋白相比具有更高的生物价值，同时包含人体必需的8种氨基酸，可满足生长发育旺盛的儿童期机体对蛋白质的需求；同时，牛奶中钙含量可达120mg/100mL，多以酪蛋白钙的形式存在，钙磷比为1.4∶1，且牛奶中的维生素D和乳糖均有助于钙的吸收，因此牛奶为钙的良好来源，牛奶的摄入可促进儿童期骨骼发育。

儿童强化牛奶通常包括强化维生素A/D、DHA、益生元等功能成分。除了具备牛奶的天然功能属性外，强化营养素还可进一步促进儿童生理功能发育。例如，维生素A可促进视觉功能发育；维生素D可维持血钙和磷的比例；DHA是大脑和眼部中的一种主要结构性脂肪酸，有利于中枢神经系统、视网膜、智力和认知能力的发育；益生元具有调节肠道菌群，促进肠道免疫系统发育等有助于肠道健康的作用。乳制品还含有乳铁蛋白、免疫球蛋白、抗菌肽、有益菌以及多种生物活性物质，这些物质能够直接或者间接增加机体的免疫力，对提高身体素质起到重要作用。此外，研究表明，儿童消费牛奶和乳制品与肥胖、龋齿和高血压的指标呈中性或负相关，对骨骼健康有积极意义。

儿童饮奶状况对生长发育影响的研究结果表明，儿童身高有随饮奶量增加而上升的趋势。依据《2016年中国居民膳食指南》学龄儿童每日乳制品推荐摄入量为300g，与成年人每日乳制品摄入量相同，学龄前儿童每日乳制品推荐摄入量则为350～500g，高于成人推荐量。

（二）乳制品摄入可预防疾病发生

乳制品是人类重要的膳食组成。乳制品营养素齐全、组成比例适宜、容易消化吸收，是一种营养价值较高的食物。乳制品也是优质蛋白质和膳食钙的良好来源，同时富含B族维生素和多种矿物质，还可以提供多种有益健康的生物活性成分，例如乳清肽、共轭亚油酸、寡糖和免疫球蛋白。增加乳制品的摄入不仅可以降低患骨质疏松、高血压、心血管疾病等多种慢性非传染性疾病的风险，还可以降低全因死亡率。

通过检索国内（1997—2014年）和国外（2002—2014年）相关文献并进行证据分析评价，发现低脂奶及其制品摄入可降低乳腺癌的发病风险，全脂奶及其制品摄入与乳腺癌发病风险无关；牛奶及其制品摄入可促进成人骨密度增加，但与儿童骨密度无关；牛奶及其制品摄入与髋骨骨折风险以及前列腺癌发病风险无关。通过对酸奶和健康关系的文献研究证据分析，酸奶摄入可以改善乳糖不耐症、便秘和幽门螺旋杆菌的根除率，可降低2型糖尿病的发生风险。

2020年2月，国家卫健委等部门发布《新型冠状病毒感染的肺炎防治营养膳食指导》，鼓励居民把喝牛奶作为提高免疫力的一项重要举措。2018年《柳叶刀》一份涉及21个国家13万人的研究报告显示，与完全不摄入乳制品的人相比，每日摄入两份以上乳制品的人群整体死亡风险下降16%、心血管死亡风险下降23%、卒中风险下降33%。

为改善居民的营养健康状况，世界很多国家都制定了乳制品推荐摄入量，我国《中国居民膳食指南（2016年）》中推荐每人每天摄入300g奶类及乳制品。受饮食习惯和消费信心等因素影响，我国居民乳制品的摄入量普遍偏低。2010—2013年全国居民营养与健康状况监测的结果显示，我国成年人平均每人每日乳制品的实际摄入量仅24.7g。可见，乳制品在我国居民膳食组成中的重要地位和居民营养改善中的重要作用未能充分发挥。因此，深入地探讨乳制品摄入对人群健康效应的影响，对指导居民合理消费乳制品，促进和改善居民营养健康状况具有重要意义。

（三）乳制品摄入可影响认知能力

食物摄入可以影响人类的认知能力。营养物质是大脑合成各种神经递质的物质基础和原料。因此，营养物质可以影响体内神经递质的水平和活动。例如，大脑细胞可以色氨酸为原料合成一种与影响积极情绪相关的神经递质5-羟色胺。法国一项历时13年跟踪研究结果表明，食物中的膳食纤维、ω-3多不饱和脂肪酸和B族维生素可能具有的神经保护作用，可防止认知能力下降。有关乳制品摄入影响认知能力研究的结论大多数结果显示其具有积极作用。横截面研究的结果显示，与不曾或很少食用乳制品的参与者相比，每天至少食用一次乳制品的人群在认知功能方面得分要高得多。尽管乳制品摄入与认知能力改善的机制尚未明确，但多数研究认为乳制品中的蛋白质、磷脂和B族维生素等营养素具有改善认知能力的作用。乳制品中来自β-酪蛋白和β-酪啡肽-5中的肽是一种μ阿片受体激动剂，有助于提高学习和记忆能力。β-酪啡肽-5对于婴儿的精神运动发育具有非常重要的作用。有研究表明，维生素B_6的活性形式有助于5-羟色胺、多巴胺、去甲肾上腺素和γ-氨基丁酸等神经递质的合成或发挥作用。此外，也有研究表明，乳制品中的磷脂酰丝氨酸也可影响认知功能。有关乳制品摄入与认知能力之间的关系，尚需确定潜在的因果机制，还需进一步研究。

观察性研究结果表明，乳制品摄入与认知能力改善存在关系。国外的两项横断面研究结果证实了低脂奶制品的摄入量与认知功能的改善之间存在显著相关性，且每周食用2~4份乳制品的成年人在认知测试中的表现要好于每周仅食用1份乳制品的成年人。1999—2002年美国国家健康与营养调查数据显示，乳制品消费量与短期记忆评估得分之间存在正相关（$P<0.0001$）。一项针对454名7~8岁越南农村儿童进行6个月牛奶干预试验发现，牛奶干预组儿童的短期记忆值明显得到改善，且营养状况也得到改善。益生菌常作为肠道菌群调节剂用来研究食物改善人体认知能力的作用。一项随机对照试验显示自闭症儿童补充益生菌混合物，对认知和语言的发展也有一定改善作用；Akbari等在为期12周的研究中，每日单一剂量的乳酸菌和双歧杆菌能够明显提高老年阿尔兹海默氏症患者认知功能评价得分。一项随机分组对照试验也表明，补充3周含乳酸菌和双歧杆菌的牛奶可改善老年人的情景记忆能力和心境状态。

（四）乳制品摄入可增强机体免疫

牛奶中含有各种优质蛋白和生物活性物质，能够为机体免疫系统提供丰富的合成原料，其生物活性物质如抗菌肽直接参与抵抗病原体的反应。

乳制品含有丰富的优质蛋白质、脂肪、乳糖、矿物质和维生素等营养物质，营养均衡且易于吸收。乳制品中还含有免疫球蛋白、免疫细胞、外泌体、抗菌肽、有益菌及多种生物活性物质，这些物质具有改善肠道健康、增强机体免疫力等多种生理功效。人体营养状况对免疫功能有重要的影响，营养不良的人群感染疾病的概率增加，病死率增加。蛋白质及蛋白质能量营养不良（protein energy malnutrition，PEM）导致胸腺萎缩，淋巴细胞减少、萎缩，特别是成熟的T淋巴细胞、K细胞活力下降，干扰素的产生减少，对病毒、细菌等的清除能力降低。乳制品营养成分丰富，营养价值高，且是优质蛋白质的良好来源。每日饮奶可以防止蛋白质及蛋白质能量营养不良的发生，进而增强人体抵抗力。人体在与外界作斗争维持免疫力的过程中，抗体是必不可缺的武器。蛋白质是形成抗体的基础，缺乏蛋白质直接影响抗体合成。乳制品中的蛋白质是优质蛋白，可以提供多种人体必需氨基酸，各种必需氨基酸之间有良好的配比关系，便于人体吸收和利用，为人体合成抗体提供材料。另外，蛋白质是人体内各种酶、激素和免疫因子的合成原料，这些物质有助加快体内化学反应，调节身体机能，抵抗疾病。

乳制品中的蛋白质含有能调节免疫功能的独特成分，如牛乳活性肽、乳铁蛋白及多种氨基酸。乳制品中所含的溶菌酶、乳过氧化物酶更能在肠内发挥抗感染作用，激活免疫系统，增强免疫细胞的活力或提高机体对致病菌的抵抗力。乳肽是由乳蛋白经酶解而得，由消化酶或蛋白酶分解产生的乳源性生物活性肽通常由2~20个氨基酸组成，这些乳肽在体内发挥多种免疫调节功能。蛋白降解所产生的细胞调节肽可能通过刺激免疫活性细胞的活性来抑制癌细胞的生长；酪蛋白和乳清中都含有免疫调节活性肽，它们参与人淋巴细胞、巨噬细胞吞噬活性、抗体合成和细胞因子的调控活动。

乳制品中乳铁蛋白具有免疫调节作用。乳铁蛋白通过结合铁，具有多种宿主防御功能，结合细菌膜，抑制肿瘤坏死α因子

（TNF-α）和白细胞介素-1β（IL-1β），刺激淋巴细胞的活动、成熟和促进乳铁蛋白的肽分解产物，具有特异性的直接抗菌作用以及抗真菌作用。乳铁蛋白能够抑制髓源性抑制细胞（myeloid-derived suppressor cell，MDSC）来抑制体内炎症反应。很多病毒，如2019-nCov感染的一个典型的临床特点就是会造成患者炎症细胞因子风暴，重症患者会有随时的生命危险，而牛乳中的乳铁蛋白能够通过抑制MDSC来抑制体内炎症反应。

牛乳具有调节肠道免疫的功能。牛乳都携带着不同含量的乳酸杆菌（*Lactobacillus*），类杆菌（*Bacteroides*）和梭菌（*Clostridia*）等有益菌，它们能够顺利到达人体肠道，尤其可在婴幼儿肠道里快速定殖，产生许多有利的"奠基者效应"，如它们能够激活肠道许多抑制炎症应答的免疫细胞（MDSC、调节性T细胞）、刺激产生黏液、调控肠道内皮细胞的紧密连接。与此同时，有益共生菌还能够刺激上皮细胞（epithelial cells）和潘氏细胞（Paneth cells）释放抗菌肽到肠道黏膜层，对入侵肠道的病原体起到预防作用。

乳制品可构建免疫稳态。如何保护体内免疫系统的稳态十分重要，既要有保护性炎症来消除感染，又要防止过度免疫应答。牛乳中的酪蛋白、乳铁蛋白、乳过氧化物酶、骨桥蛋白、超氧化物歧化酶、血小板活化因子乙酰水解酶和碱性磷酸酶都有保护感染和抗炎作用。牛奶还含有特定的直接生长因子，包括血小板衍生生长因子、肝细胞生长因子、血管内皮生长因子和胰岛素，它们综合作用可以帮助损伤的肠道、组织进行修复，减少病原体的感染概率。

第六章 乳制品与常见疾病的防治

第一节 乳制品与糖尿病的防治

糖尿病是一种多病因的代谢性疾病和慢性病,由胰岛素分泌和/或作用缺陷引起,并以高血糖症为常见表现。糖尿病中常见多种代谢紊乱,包括脂质和脂蛋白代谢受损、氧化应激、亚临床炎症和血管内皮功能障碍。这些长期变化可能导致并发症的发生,如视网膜病变、肾功能不全、动脉粥样硬化、心肌梗塞,以及关节和骨骼疾病,这些情况使糖尿病成为一种有着高发病率和高死亡率的综合征。

受糖尿病影响的人数正在增加,有数据表明,2030年将超过43亿人。糖尿病的治疗很复杂,包括特殊饮食、体育锻炼和控制高血糖。大量的糖尿病患者和治疗难度大的情况促使人们寻找有助于预防或治疗糖尿病的功能性食品。功能食品的概念迅速发展。除了基本的营养功能外,它还具有促进健康和降低慢性病风险的潜在益处。

乳制品的消费与降低糖尿病风险和改善代谢健康有关。在一项针对人类受试者的研究中,摄入奶酪和发酵乳制品可降低糖尿病患者的血糖水平。在一项英国研究中,牛奶摄入与中年男性代谢综合征（一种与糖尿病密切相关的疾病）呈显著。牛奶的有益作用与其成分有关，如钙和乳清蛋白都对血糖有间接影响。控制糖尿病患者的高血糖对于预防糖尿病带来的慢性并发症至关重要。有研究表明，补充牛奶可能是控制糖尿病患者血糖的重要工具，乳制品摄入与糖尿病易感性呈反比关系，全脂普通牛奶可有效改善糖尿病症状。另一项研究表示，乳制品消费（尤其是低脂乳制品消费）与2型糖尿病的发病率之间存在适度的负相关性。乳制品摄入可通过有利地影响已知的危险因素或疾病的前体来预防2型糖尿病。对体重、高血压和异常葡萄糖稳态，乳制品都具有良好的作用。与其他高碳水化合物食品和饮料相比，乳制品中的其他主要成分（如乳糖和乳蛋白）可增强饱腹感并降低超重和肥胖的风险（2型糖尿病的主要风险因素）。

摄入乳制品影响糖尿病风险的机制很复杂。乳清蛋白是一种存在于牛奶中的蛋白质，可在消化过程中刺激胃肠道中氨基酸和肽的生成，这些氨基酸和肽已显示出指示肠内激素（例如胰高血糖素样肽1）释放的信号，这些因子会影响能量的体内稳态和β细胞中的胰岛素分泌。乳制品中的微量营养素也很高，如钙、镁和维生素D，这些营养素与代谢综合征和糖尿病呈负相关，并且可能改善β细胞功能和胰岛素敏感性。最后，一些证据表明，乳制品中独特的脂肪酸，如反式棕榈油酸、短链脂肪酸（如丁酸）或支链脂肪酸（如植烷酸）可以通过降低肝甘油三酯含量来改善胰岛素敏感性。

第二节 乳制品与心血管疾病的防治

心血管疾病是影响心脏和血管的疾病，是全世界第一大死亡原因。现在，人们普遍认为，心血管疾病有多个重要的危险因素，如血浆脂质和脂蛋白（主要是低密度脂蛋白胆固醇）升高、高血压和吸烟。临床试验表明，降低低密度脂蛋白胆固醇和降低高血压可降低心血管疾病的发生率，这是当前预防和治疗心血管疾病方法的基础。一般认为，饮食干预是这些方法的重要基础，并且是所有旨在降低心血管疾病风险的干预措施的第一步。由于危险因素干预的重点一直在减少总胆固醇和低密度脂蛋白胆固醇上，所以迄今为止，饮食建议的重点一直是减少饱和脂肪和总脂肪、胆固醇的摄入，控制热量摄入和增加膳食纤维。

由于牛奶和乳制品的饱和脂肪酸含量高，一般认为它们会对心血管健康产生不利影响。但牛奶消耗量与心血管疾病发生之间的这种过度简化的关联很可能会误导人。牛奶是一种复杂的食物，虽然饱和脂肪酸能引起血清胆固醇升高，但其他微量营养素可能会抵消这种作用。此外，新出现的流行病学证据表明，高牛奶消费量与心血管疾病发病率之间呈负相关。牛奶含有许多生物活性成分（这些包括钙、钾、牛奶蛋白和/或其生物活性肽），据报道可降低血压。通过蛋白水解发酵剂的发酵或微生物产生的酶的水解，可以从完整蛋白中释放出生物活性肽。在消化过程中，肽还可以通过酶促水解而释放出来。每升牛乳含31～33g蛋白质，其中酪蛋白约占80%，乳清蛋白约占20%。生物活性肽是特定的蛋白质片段，已被证明会影响生理功能并最终影响健康。这些肽的活性基于其固有的氨基酸组成和序列。据报道，牛奶蛋白质和肽具有广泛的生物学特性，因此是潜在的保健食品（促进健康的食品）成分。相对于黄油和/或非乳制品的饱和脂肪酸，几项研究表明，即使考虑到饱和脂肪酸含量的差异，全脂奶酪也会降低总胆固醇、低密度脂蛋白胆固醇、低密度脂蛋白胆固醇：高密度脂蛋白胆固醇。在一项小型研究中，研究者比较了具有大量营养素和乳制品钙含量的饮食中半脂（1.5%脂肪）牛奶和全脂奶酪的消费量，与低钙对照饮食和低钙饮食相比，这两种饮食均降低了总胆固醇和低密度脂蛋白胆固醇，但没有降低高密度脂蛋白胆固醇。

流行病学证据表明，食用乳制品降低了心脏代谢疾病的风险，较高的乳制品和牛奶消费量与较低的脑血管疾病导致死亡风险相关，从而支持将其纳入全球饮食指南。乳制品发酵和胃肠道消化过程中释放的生物活性代谢物（如肽）被认为是食用乳制品可促进健康的潜在功能性物质之一。利用饮食诱发肥胖和心血管疾病的小鼠模型，研究者发现用乳蛋白（尤其是发酵乳蛋白/肽）代替50%的非乳蛋白可以潜在地通过其对肠道菌群的影响来促进心脏代谢。越来越多的证据表明，健康状况的改善与牛奶及其衍生产品的消费有关。事实上，荟萃分析表明，乳制品的摄入与体重和腰围增加的减少都有关系。此外，2型糖尿病风险的降低、心血管疾病的发展及心血管疾病事件或死亡率的降低都与乳制品的摄入有关，食用乳制品还可以降低患高血压的风险。黏附分子是动脉粥样硬化和心血管疾病危险因素的关键促进因素，它们通过促进白细胞黏附于病变部位而发挥促动脉粥样硬化作用。还有研究表明，发酵乳蛋白的消耗与循环细胞内和血管内黏附分子浓度的降低有关。

高血压是心血管疾病的主要诱因之一。心血管疾病的风险与血压呈正相关。不同的生化途径相互作用控制着心血管疾病的风险，特别是通过肾素—血管紧张素系统控制血压。血管紧张素原是无活性的前体，它通过肾素的水解释放出血管紧张素I（ACE-1）。因此，血管紧张素转换酶通过从C-末端去除二肽His-Leu来水解血管紧张素-I，从而产生血管紧张素-Ⅱ（有力的血管收缩剂）。它还可以从缓激肽中去除C端二肽，从而导致产生非功能性肽组分。因此，降压作用主要是通过抑制血管紧张素而产生的。

在各种类型的乳制品中均已鉴定出降压肽，包括纯牛奶，奶酪和酸奶等。在乳制品中均发现了三肽（Ile-Pro-Pro和Val-Pro-Pro），在乳制品的乳清组分中发现了二肽（Tyr-Pro），它们在自发性高血压大鼠中具有显著的降压作用。

卒中是心脑血管疾病中的一种，有研究表明乳制品摄入量和卒中与全因死亡率之间呈负相关，总乳制品摄入量和卒中死亡率之间也存在负相关。但是，乳制品总摄入量与卒中死亡率较低风险之间存在明显联系的原因尚不清楚。尽管乳制品含有较多的脂肪，但它们也富含各种矿物质（如钙、钾）、蛋白质和维生素（如维生素A和维生素B_{12}），以及被认为与一些降低卒中风险有关的营养物质。现有的研究指出乳制品中磷是降血压的主要矿物质。其他研究还指出，与对照饮食相比，富含乳制品矿物质或钙的高脂饮食受试者的总胆固醇和低密度脂蛋白胆固醇水平明显降低。高血压是卒中的主要危险因素，对9项前瞻性队列研究的荟萃分析报告表示，牛奶摄入量与高血压风险成反比。乳制品是钙的重要来源，有研究表明，卒中风险与钙的摄取量呈负相关。乳制品摄入量与卒中和全因死亡率显著负相关也可能是由于乳制品对血压有有益影响。

有研究表示高脂和低脂乳制品与冠心病死亡率之间无显著关联，此外，奶酪的消费与总死亡率成反比。同样，汇总分析显示，发酵产品（包括奶酪和酸奶）的消费与总死亡率也成反比。这可能是因为奶酪和酸奶降低了细菌在大肠中产生脂质和吸收短链脂肪酸的作用。短链脂肪酸不仅对于肠道健康很重要，还可以作为信号传导分子，而且还可能进入体循环并直接影响新陈代谢或周围组织。短链脂肪酸有助于改善葡萄糖稳态和胰岛素敏感性，进而可以减少氧化应激和炎症（卒中和死亡率的触发因素）。此外，组学技术表明，奶酪的某些有益作用可以通过产生短链脂肪酸的微生物发酵来解释，如丁酸盐。

第三节 乳制品与肥胖症的防治

鉴于全世界肥胖和相关代谢疾病的患病率很高，促进健康的饮食习惯和控制体重是当务之急。适当的营养摄取是减轻许多疾病及其相关风险因素负担（例如肥胖症）的最有效、成本最低的策略。

胰岛素抵抗综合征会导致葡萄糖耐受不良、血脂异常（低血清高密度脂蛋白胆固醇和高血清甘油三酯浓度）、高血压和纤溶能力受损。肥胖、胰岛素抵抗和高胰岛素血症被认为是导致胰岛素抵抗综合征的原因。有研究探索了胰岛素抵抗综合征和乳制品摄入之间的关系，并观察到年轻超重的黑人和白人中，乳制品摄入频率与肥胖、异常葡萄糖动态平衡、血压升高和血脂异常之间的关系呈负相关。在乳制品消费最高类别（≥5/d）的超重人群中，胰岛素抵抗综合征的10年发病率降低了2/3以上，而最低类别（<1.5/d）的人群则超过10%。

一项横断面研究表明，较高的乳制品总摄入量与总体肥胖和腹部肥胖的发生率降低多达50%密切相关。对于全脂乳制品，即牛奶、酸奶和奶酪，这种关系尤其明显。其他研究表明，酸奶摄入量与体重增加、中枢肥胖、体脂和代谢综合征之间呈负相关。一项持续12年的研究表明，全脂奶的摄入也与中枢性肥胖症的发生率降低相关。此外，对与肥胖相关的心脏代谢紊乱和乳制品摄入量的研究也表明，相关疾病与全脂牛奶和酸奶的摄入量呈显著负相关。食用更多乳制品的人也可能会采取更健康的生活方式，如不吸烟和多做运动，这对心脏代谢健康有明显好处。此外，乳制品摄入量较高的人也可能食用更多健康食品，如水果、蔬菜和全谷物。然而，在对这些生活方式因素进行统计学调整之后，以及当将水果、蔬菜和全谷物的摄入量包括在研究模型中之后，乳制品的摄入量与肥胖之间的关联仍然很显著。

有研究发现，摄入乳制品总量与儿童肥胖风险降低有关。最近对10项前瞻性队列研究进行的荟萃分析发现，乳制品摄入量最高组的儿童在基线时的超重或肥胖概率比最低组的儿童低38%。每天增加一份乳制品与降低0～65%的体内脂肪和降低13%的超重/肥胖风险有关。3项研究表明，饮食中钙的摄入量与儿童肥胖和肥胖的患病率呈反比关系。研究者提出，每天增加240mL脱脂牛奶或酸奶中的钙摄入量，可使儿童的体内脂肪减少0～4%，从长远来看，这可以降低儿童后期、青春期或成年期肥胖的风险。这可能归因于钙与乳制品中存在的几种生物活性化合物（如支链氨基酸亮氨酸）的协同作用。乳清蛋白中的肽抑制了血管紧张素转化酶，从而抑制了血管紧张素Ⅱ的产生，从而刺激了脂肪细胞脂肪生成，从而导致脂肪堆积减少。乳制品中的脂肪酸，如中链脂肪酸和共轭亚油酸，可通过抑制包括过氧化物酶体增殖物激活受体-γ在内的促脂肪细胞信号的表达，减少脂肪生成并增加脂肪细胞中的脂肪氧化。乳制品的特定成分（主要是乳清和酪蛋白）与胃排空延迟、增加饱腹感、调节血浆氨基酸和胃肠激素（如胆囊收缩素）的浓度及胃泌素相关。某些乳制品，如酸奶可能发挥由肠道菌群和肠道菌群代谢活性介导的抗肥胖作用。正常体重的和肥胖/超重儿童之间的肠道微生物群不同。有证据表明，可能通过儿童中肠道微生物群的早期差异预测超重风险。鉴于发酵乳制品是益生菌的来源，一些似乎尚不清楚的合理机制表明，益生菌与胃肠道中固有细菌的相互作用可能影响脂质代谢所涉及的代谢途径。

第四节 乳制品与骨质疏松

骨骼和肌肉是支撑人体的"钢筋和水泥"，骨骼和肌肉的健康一定程度上决定人体的强壮状况。骨质疏松症，其定义为骨矿物质密度减少和骨脆性增加，是主要的公众健康问题之一，影响世界各地的人们。每年因骨质疏松症而发生的骨折约有900万人，在美国和欧洲超过一半。目前，据估计全世界上有超过2亿人患有这种疾病。

骨质疏松是一种常见的骨骼疾病，骨质疏松症发生时，骨骼的内部结构变得脆弱，骨头的质量和力量都被削弱，易造成骨骼损伤。早期骨质流失通常悄悄地发生，没有明显症状。随着骨质疏松的加重，会有背部疼痛、驼背、变矮等症状，容易发生骨折。老年人、绝经期后的女性、骨质疏松症家族史者、神经性厌食症或贪食症者、低钙饮食者、使用某些药物者、缺乏运动者、吸烟者和过度使用酒精者都是骨质疏松症的风险人群。

骨骼是人体里最大的钙仓，90%以上的钙储存在这里，钙也是骨矿物质中最主要的成分，钙不足必然影响骨矿化。在可能影响骨质疏松症和骨折风险的几个因素中，饮食摄入至关重要，因此为防止骨质疏松，首先要保证食物钙的摄入量，而最重要的措施就在膳食中多多选择钙与维生素D含量较高的食物、保持每日充足的蛋白质摄入及保持经常运动。乳制品是与骨骼健康相关的9种必需营养素（蛋白质、钙、钾、磷、维生素A、维生素D、维生素B_2、维生素B_3和维生素B_{12}）的相对丰富的来源。

牛奶中钙含量丰富，每100g牛奶含钙104mg，每天坚持喝两杯牛奶，加上从食物中吸收的钙，基本上可以保证每日人体对钙的需要。因此，长期喝牛奶可以增加体内的钙储备，减少钙的丢失，减缓骨质疏松症的进程。此外，牛奶含有维生素D和维生素A，这两种维生素在胃肠道对钙的吸收过程起重要作用，同时，奶类中的乳糖和氨基酸等也能促进钙的吸收，因而喝牛奶对预防骨质疏松症效果更好。牛奶中的蛋白质是优质蛋白质，且氨基酸种类齐全、比例合适，长期喝奶可以防止因蛋白质不足导致的骨胶原含量、骨矿含量、骨强度降低。

有调查显示，每月食用30份乳制品可减少62%的骨质疏松症风险。在一项队列研究中，研究人员发现，每天多喝一杯乳制品可降低40%的骨折风险。还有人发现食用牛奶和乳制品与髋部骨折的风险呈负相关。在横断面研究和病例对照研究中，每天每消费200g乳制品和牛奶，骨质疏松症的风险分别降低22%和37%。就髋部骨折而言，在横断面和病例对照研究中，摄入更多的牛奶与降低髋部骨折的风险有关。低乳制品消费与骨质疏松症的风险增加有关。成人低乳制品摄入量也与骨密度降低有关。乳制品摄入与骨质疏松风险的保护性联系可以用其对增加骨矿化和骨质量、减少骨质流失、增加IGF-1和钙肠吸收的作用来解释。牛奶和乳制品富含蛋白质、钙、磷、钾和维生素D。这些营养与骨质疏松症和髋部骨折有保护性联系。钙是与骨骼形成和代谢相关的最重要的营养素，它对骨骼健康的作用以依赖于维生素D。其他营养素（如磷和钾）可能会通过促进正常的钙代谢而促进骨骼矿化。食用牛奶和奶制品可能会通过增加骨骼矿化和形成，增加IGF-1和钙肠道吸收，促进骨骼质量增长和新陈代谢，减少骨质流失和增加骨骼密度，从而有助于降低骨质疏松和髋部骨折的风险。

第五节　乳制品与免疫

免疫力究竟是什么？这个问题可以从3方面解释。首先，免疫力是保卫人体健康的军队。免疫力是人体识别和消灭外来侵入异物（病毒、细菌），处理衰老、损伤、死亡、变性的自身细胞，及识别和处理体内突变细胞和病毒感染细胞的能力。简单来说，免疫力如同驻扎人体的军队，在与外界来袭的病毒、细菌"作战"的同时，还承担了重要的防御任务。其次，免疫力分为先天性免疫和获得性免疫。先天性免疫指人一出生就有的，获得性免疫指人出生后在生活中获取的。所以，人的免疫力并不全是天生的，而且出生时免疫系统也不成熟，需要在以后漫长的生活中逐渐获取、发展并逐渐完善。最后，营养是免疫力发挥作用的基础。在保证食物多样、饮食均衡的前提下，适量补充身体必备的营养素，可以增强对疾病的抵抗力。例如，蛋白质是形成抗体的基础，缺乏蛋白质直接影响抗体合成；抗氧化物质维生素C能减少外界对人体细胞内平衡的干扰，促进抗体形成，维持正常免疫力；人体缺铁可导致免疫细胞数量减少，进而影响抗体产生，导致免疫反应缺陷。

食用乳制品可以增强机体免疫力。乳品营养价值高，是全营养食物，其中含有丰富的优质蛋白质、脂肪、乳糖、矿物质和维生素等营养物质，营养均衡且易于吸收。乳制品中还含有免疫球蛋白、免疫细胞、外泌体、抗菌肽、有益菌及其多种生物活性物质，这些物质具有改善肠道健康、增强机体免疫力等多种生理功效。

乳制品是优质蛋白的良好来源，人体营养状况对免疫功能有重要的影响，营养不良的人群感染疾病的易感性增加，病死率增加。蛋白质及蛋白质-能量营养不良（PEM）导致胸腺萎缩，淋巴细胞减少、萎缩，特别是成熟的T淋巴细胞，K细胞活力下降，干扰素的产生减少，对病毒、细菌等的清除能力降低。乳品营养成分丰富，营养价值高，且是优质蛋白质的良好来源。每日饮奶可以防止蛋白质及蛋白质-能量营养不良的发生，进而增强人体抵抗力。蛋白质还是抗体合成的材料。人体在与外界作斗争维持免疫力的过程中，抗体是必不可缺的武器。蛋白质是形成抗体的基础，缺乏蛋白质直接影响抗体合成。乳制品中的蛋白质是优质蛋白，可以提供多种人体必需氨基酸，各种必需氨基酸之间有良好的配比关系，便于人体吸收和利用，为人体合成抗体提供材料。另外，蛋白质是人体内各种酶、激素和免疫因子的合成原料，这些物质有助加快体内化学反应，调节身体机能，抵抗疾病。乳制品中的生物活性蛋白对免疫系统也有增益作用。

乳制品中的蛋白质中含有能调节免疫功能的独特成分，如牛乳活性肽、乳铁蛋白及多种氨基酸。乳制品中所含的溶菌酶、乳过氧化物酶更能在肠内发挥抗感染作用，激活免疫系统，增强免疫细胞的活力或提高机体对致病菌的抵抗力。

牛乳活性肽是由乳蛋白经酶解而得由消化酶或蛋白酶分解产生的乳源性生物活性肽通常由2～20个氨基酸组成，这些乳肽被进入体内后可以发挥多种免疫调节功效。蛋白降解所产生的细胞调节肽可能通过刺激免疫活性细胞的活性来抑制癌细胞的生长；酪蛋白和乳清中都含有免疫调节活性肽，它们参与人淋巴细胞、巨噬细胞吞噬活性、抗体合成和细胞因子的调控活动；从牛奶中提取的抗菌肽能抑制许多革兰氏阳性和阴性病原体包括大肠杆菌MTCC82、嗜水气单胞菌ATCC7966，沙门氏菌MTCC3216，蜡样芽孢杆菌ATCC10702，鼠伤寒沙门菌SB300，肠炎沙门菌125109，金黄色葡萄球菌MTCC 96。

乳制品蛋白中的乳铁蛋白（LF）能够激活人体的淋巴细胞，增加这些淋巴细胞的抵抗病原体的活性；乳铁蛋白被体内的酶降解后会形成具有抗菌肽具有广泛的抗菌作用；乳铁蛋白能够将体内的单核细胞转化为髓源性抑制细胞来抑制体内过度的炎症反应，如新型冠病毒感染引起重症肺炎过程中，不能忽视的"炎症因子风暴"可能是导致患者死亡的一个原因，而髓源性抑制细胞的一个功能就是能够抑制这些炎症因子分泌。

乳制品还能调节肠道免疫。肠道是除了吸收营养物质也是病原体最喜欢去的地方之一，乳制品中携带着不同含量的益生菌，它们能够改善人体肠道的免疫力；乳制品中益生菌能刺激肠道上皮细胞和潘氏细胞释放抗菌肽参，阻止病原体入侵；乳制品中的有益菌能够在人体肠道长期生存帮助持续保卫我们的肠道健康

乳制品可以协助构建免疫稳态。免疫稳态是指人在应对病原体感染时必须作用既要有足够的免疫反应又要防止这些免疫细胞的过度应答。牛乳中有多种成分如酪蛋白，乳铁蛋白，乳过氧化物酶，骨桥蛋白，超氧化物歧化酶（SOD），血小板活化因子乙酰水解酶，和碱性磷酸酶每一种都有保护感染和抗炎作用。牛奶含有特定的直接生长因子，包括血小板衍生生长因子，肝细胞生长因子，血管内皮生长因子和胰岛素，它们可以帮助损伤的肠道、组织进行损伤修复，减少病原体的感染。

第六节　乳制品与其他健康问题

乳制品似乎是营养界无法达成共识的食品之一。有些人喜欢它，有些人认为人们不应该食用它，而另一些人则持中立态度。事实上，是否选择食用乳制品是因人而异的，当身体出现一些状况，如乳糖不耐症、肠易激综合征、牛奶过敏及慢性皮肤疾病等，不宜食用乳制品。

对于乳糖不耐症的人而言，最好避免食用乳制品。在亚洲，非裔美国人和美洲原住民人群中的研究发现，80%~100%的人群可能具有一定程度的乳糖不耐症，所占比例非常大。这是因为在这些地区的传统饮食文化中几乎没有包括高乳糖乳制品在内的菜肴，因此今天生活在这些地区的人们在对乳制品的耐受性很低。但是对于那些乳糖不耐症的人来说，乳制品中也有许多天然无乳糖的选择，例如像帕玛森奶酪这样的硬奶酪和切达奶酪等。此外，新鲜的水牛奶酪也天然不含乳糖，还有酸奶也是不错的选择。

肠易激综合征患者在选择乳制品的时候也需要慎重。对于许多被诊断患有肠易激综合征的人来说，乳制品可能会使已经功能不佳的胃肠道雪上加霜。乳糖是一种可导致肠易激综合征患者严重不适的糖。一些营养师会建议肠易激综合征患者食用无乳糖饮食几周，然后慢慢重新引入含乳糖的食物，以确定乳糖是否对肠易激综合征有触发作用。长此以往，随着肠道的恢复，许多人能够再次享用含乳糖的乳制品。

牛奶是八大过敏原之一，一些人可能会对牛奶过敏，可能引起胃肠道问题、皮疹和过敏反应。这通常是由于人体对乳制品中的乳清蛋白和酪蛋白产生了过敏反应。但牛奶过敏一般发生在儿童身上，90%的人在成年后就不再过敏。

慢性皮肤疾病，如玫瑰痤疮、痤疮和皮炎患者不适合食用乳制品。尽管目前尚无证据表明乳制品直接导致痤疮，但它可能会影响或加剧痤疮。2018年的一项分析对78 529名儿童、青少年和年轻人中的乳制品摄入量和痤疮进行了检查。研究人员特别探讨了痤疮与以下饮食的饮食摄入之间的联系：不同类型的乳制品，包括牛奶、酸奶和奶酪；乳制品亚组，如全脂、低脂、脱脂牛奶；各种数量和频率的乳制品。他们发现，在7~30岁的人群中，食用任何类型的乳制品都可能引起痤疮。食用低脂和脱脂牛奶的人更容易发生粉刺。研究人员表示，这一发现可能是因为比起全脂牛奶，人们摄入低脂和脱脂牛奶时通常倾向于摄入更多。他们还发现，每天喝一杯或更多牛奶的人比每周或以下喝2~6杯牛奶的人更容易长痤疮。研究人员指出，人们应谨慎解释结果，这些研究无法确定乳制品是否直接导致痤疮，或无法证明从饮食中去除乳制品可以预防痤疮。有研究发现尽管牛奶摄入量与痤疮之间存在联系，但酸奶或奶酪与痤疮之间没有显著关系。对于牛奶如何影响痤疮，研究者提出了几种观点。牛奶含有胰岛素样生长因子（IGF-1）和其他激素，包括催乳素、前列腺素和类固醇激素。一项研究发现，每天喝3份牛奶连续12周的成年人的IGF-1水平比不喝牛奶的成年人高约10%。另外一些研究表明，食用牛奶会使10~12岁儿童的血液中IGF-1含量增加9%~20%。IGF-1可能会增加皮脂分泌。皮脂是皮肤中的一种油，可能会阻塞毛孔并引发痤疮。另一项研究发现痤疮患者的IGF-1水平高于无痤疮患者。在成年女性中，IGF-1水平与痤疮病变数量之间的相关性特别强。此外，对于脱脂牛奶，痤疮和乳制品之间的联系比低脂和全脂牛奶更强。这可能表明这种关系是由于牛奶中的其他物质（如牛奶蛋白质）而不是牛奶脂肪含量所致。牛奶中的主要蛋白质是乳清蛋白和酪蛋白。乳清蛋白增加血液胰岛素水平，而酪蛋白增加IGF-1。这些蛋白质可能会引发痤疮爆发。

另一方面，对于无上述问题困扰的人而言，乳制品虽然并不是健康饮食的必需品，但对大部分人来说，乳制品是获得维持心脏、肌肉和骨骼健康并正常运转所需的钙、维生素D和蛋白质的最为简单易得的来源。牛奶、酸奶、奶酪等乳制品是钙的良好来源，有助于保持骨骼密度并降低骨折风险。50岁以下的成年人每天需要1 000mg钙。50岁以上的女性和70岁以上的男性则每天需要1 200mg钙，而一杯牛奶中就含有250～350mg钙，一杯酸奶中约含187mg钙。许多牛奶还强化了维生素D，这是建造骨骼所需的重要材料。

老年人还需要蛋白质来预防肌肉减少症，肌肉减少症是与年龄相关的自然衰老，体现为肌肉质量和力量的丧失。乳制品是一个不错的蛋白质来源。老年人的蛋白质摄入建议量为每公斤体重0.8g蛋白质。一个体重约82kg的男人每天需要约65g蛋白质，而一个体重约64kg的女人每天需要约50g蛋白质。

《中国居民膳食指南（2016）》建议，成人每天应该摄入300mL牛奶或相当量的乳制品。不过某些特殊人群，比如儿童、青少年、孕妇、乳母、老年人、骨质疏松患者等，每日可在300mL的基础上适当增加饮奶量。乳制品可以搭配各种类别的食物，比如粗粮、蔬菜、水果等。例如，富含碳水化合物的谷物和牛奶就是上佳的搭配之一。牛奶与谷物搭配，不仅可以提高蛋白质的供给量，还可以弥补谷类食物相对缺乏的赖氨酸，从而也提高谷物的营养价值。牛奶与水果搭配更是营养与口感俱佳。水果中富含维生素、矿物质、膳食纤维和生物活性物质，水果搭配牛奶营养成分齐全，利于人体提高免疫力。

对于整体的饮食健康而言,乳制品既不是英雄,也不是坏蛋。在日常饮食中添加一些乳制品可以帮助人们获取所需的一些重要营养素,但是也不必过多地依赖乳制品,均衡的饮食,应包括大量绿叶蔬菜和坚果,这些食材互相补充,可以更好地帮助人们塑造健康、强壮的体魄。

第七章 科学食用乳制品指导和建议

第一节 推动乳制品消费的重要性

进入超市，货架上有各型各色的乳制品来尽可能地满足不同消费者的需求。在我国的饮食习惯中，面对种类繁多的乳制品，人们一般会选择液态奶。走进超市选购液态奶时，人们常因琳琅满目的牛奶种类而不知所措。其实在超市里常见的液态奶可分为纯牛奶（低温奶、常温奶）、调制乳、酸奶（低温酸奶、常温酸奶）、含乳饮料等4类。

纯牛奶是消费者选择最多的产品，但不是所有叫"奶"的都是"纯牛奶"。纯牛奶一般是指生牛乳只经过必须的灭菌而没有其他加工处理的牛奶。纯牛奶家族可以粗略地分为两大类：低温奶和常温奶。低温奶，学名巴氏杀菌乳，简称巴氏奶。巴氏奶是通过巴氏消毒法，将有害微生物杀死，保留其他一些微生物，因此必须在4℃左右的环境中冷藏，保质期在7d左右。一般采取"新鲜屋"屋顶包纸盒、玻璃瓶或塑料袋包装。常温奶，学名超高温灭菌乳（UHT），通过超高温瞬时灭菌技术几乎杀灭所有菌。常温奶不需冷藏，可在常温下保存1～8个月，一般采用UHT无菌砖、无菌枕、百利包包装。在有条件的情况下，低温奶是更加理想的选择。常温奶诞生前经历了"超高温"的考验，会造成营养素的流失或失效。从这个角度上讲，常温奶的营养价值要低于低温奶。具体而言，低温奶中蛋白质的含量与营养价值高于常温奶。低温奶中β-乳球蛋白含量为2 900mg/L，远高于常温奶（200～400mg/L）；低温奶中的钙含量丰富且易吸收。常温奶经超高温灭菌后，一部分优质的可溶性钙会转化成不溶性钙，不容易被人体吸收。低温奶中的维生素含量高于常温奶。低温奶中的维生素B_1、维生素C、维生素B_{12}、叶酸含量要高于常温奶。低温奶最大限度地保全牛奶中的乳铁蛋白、生物活性肽、低聚糖、乳矿物质等多种生物活性物质。

除了纯牛奶，酸奶也是大众选择较多的乳制品。酸奶中的微生物利用乳糖发酵产生半乳糖和葡萄糖，半乳糖是构成动物脑和神经系统中脑苷脂的成分，乳糖被分解后可以缓解乳糖不耐症状。因此，酸奶更适宜于乳糖不耐受、消化不良的病人或老年人等食用。和纯牛奶类似，有些酸奶要放在冷藏柜中，而有些酸奶就不需要。这是因为常温酸奶是在发酵后对乳酸菌彻底杀灭制成的，因此它的口味不会因储存时间和方式而改变，所以可以在常温下存放数月。低温酸奶发酵后不需要灭菌，为防止乳酸菌过量生长，低温酸奶需要在冷藏条件下保存，保质期20d左右。一般而言，低温酸奶是更加优良的选择，酸奶中的活菌，如双歧杆菌、乳杆菌等可以改善肠道健康。

在常温货架上，调制乳也是非常常见的一类乳制品。调制乳是以不低于80%的纯奶或者复原乳为原料，添加食品添加剂、营养强化剂等调制而成的乳制品。市面上的调制乳大致可以分成三大家族：营养强化型——高钙奶；风味型——咖啡奶、可可奶、水果香味奶；营养素调整型——低乳糖乳。一方面，调制乳因添加了调味剂等成分，导致蛋白质等营养成分可能被稀释；另一方面，有些调制乳的某些营养成分或功能可能得到了增强，更符合人体的需要，如高钙奶、低乳糖奶。因此，在选择调制乳时需要从自身身体状况出发，有条件的可以通过咨询医生或营养师获得具体的建议。

整体而言，选择液态奶时，尽可能选择配料栏中的原料是生牛乳或100%鲜牛奶的。一般蛋白质含量决定其营养价值，每100mL巴氏奶、常温白奶、酸奶中蛋白质的含量一般在3g左右。全脂牛奶脂肪含量一般在3%左右，低脂牛奶脂肪含量不超过1.5%，脱脂牛奶脂肪含量不超过0.5%。对于健康人群来说，正常选择全脂牛奶更好；需要额外严格控制脂肪摄入量的人群，可以根据自身需求选择低脂牛奶或脱脂牛奶。购买方便且家里有冰箱等冷藏设备的人群，建议选择巴氏奶和/或低温酸奶。购买不方便或家里无冰箱等冷藏设备的人群，建议购买常温纯牛奶和/或常温酸奶。

促进乳制品消费，要从两方面着手，一方面要倡导科学饮奶，积极培育国民食用乳制品的习惯，提振国产乳制品消费信心；另一方面要完善乳制品价格形成机制，帮助消费者实现"乳制品自由"。

乳制品含有丰富的优质蛋白质、脂肪、乳糖、矿物质和维生素等营养物质，营养均衡且易于吸收。乳制品中还含有免疫球蛋白、免疫细胞、外泌体、抗菌肽、有益菌及其多种生物活性物质，这些物质具有改善肠道健康、增强机体免疫力等多种生理功效。然而，我国人均乳制品消费量很低，2019年奶类人均表观消费量约35.9kg，仅为世界平均水平的1/3，相当于膳食指南推荐量的32.8%，与营养需求标准差距还很大，是居民膳食消费的一大短板。国际上许多国家把发展奶业作为提高国民身体素质的重要途径，并且取得了历史性成就。

众所周知，与其他食品相比，奶类产品是更加鲜活的食品，含有种类繁多的活性营养因子。但是这些活性营养因子极易受到过热加工、远距离运输和长期储存的影响而失去活性。进口奶在原产国可能是优质奶，但是漂洋过海，出口到我国消费者手中，就很难再是优质奶。农业农村部奶产品质量安全风险评估实验室对超市中的国产液态奶和进口液态奶进行比较研究发现，进口液态奶保质期偏长，牛奶品质会显著下降。进口液态奶中活性蛋白质因子含量显著偏低：进口UHT灭菌乳中β-乳球蛋白平均含量为216.8mg/L，显著低于国产UHT灭菌奶中370.7mg/L的平均含量；进口巴氏杀菌乳中乳铁蛋白的平均含量1.3mg/100g，显著低于国产巴氏杀菌乳中10.4mg/100g的平均含量。研究还发现，进口UHT灭菌乳中糠氨酸的平均含量为234.3mg/100g蛋白质，显著高于国产UHT灭菌乳中193.2mg/100g蛋白质的平均含量，表明牛奶的受热程度高、储存时间长或者运输距离远。因此，要倡导科学饮奶，积极培育国民食用国产乳制品的习惯。建议政府、企业、消费者、媒体要形成合力，共同关心维护中国奶业发展。要加大对奶业发展成效的正面宣传，提升广大群众对国产奶的认知度和信任度，树立中国奶业的良好形象。要通过多种形式在全社会广泛宣传和大力普及奶类营养知识，扩大乳制品营养健康科普，引导城乡居民培养国民乳制品消费习惯。

要提振乳制品消费信心，需要实事求是，建立公开透明的信息流通渠道。"振兴民族奶业，重振消费信心"是中央对奶业发展的重要指示，也是中国奶业健康发展的核心课题，而满足国民营养健康需求，提高国民营养健康水平则是我国奶业发展的重要使命。中国乳业消费者信心的恢复程度大大落后于乳制品质量安全的提高程度，其中一个重要原因在于消费者和生产者、消费者和监管部门之间的信息严重不对称，由此导致消费者对生产者和监管部门的不信任程度加剧。因此，建立消费者、生产者、监管部门的高效沟通机制迫在眉睫。近十年来，三聚氰胺事件的洗牌让人们重塑希望，看到奶业发展的又一个春天。奶牛养殖的散养户逐渐退出，家庭牧场、社区牧场、规模化中型和大型牧场快速增加。饲养管理技术更加信息化和智能化，养殖环境得到极大改善，牛奶质量得到明显提升，多项质量指标已达到并超过一些发达国家。伊利、蒙牛、飞鹤乳业、君乐宝、光明等知名品牌的产品不断升级，激发消费市场不断扩大，消费群体快速增长。通过建立乳制品全程质量安全追溯体系，让消费者清楚了解乳制品生产的整个过程，实现乳制品全过程追溯和流通跟踪监控，是提高消费信心的一个重要途径。鼓励电商开辟专区、商超设立专柜，对可追溯乳制品在显著位置展示销售，推动形成可追溯产品优质优价、差异竞争的有效机制。主流媒体要多形式、全方面、深层次宣传普及追溯知识，推动形成社会关心追溯、使用追溯、支持追溯的良好氛围，使贴上追溯标识的产品更有安全保障、更有市场竞争力。

推动奶业优质发展，应该成为国家的优先政策。构建高质量饲料生产—奶牛养殖—奶类加工—奶品消费有机衔接的健康发展模式，为推动奶业供给侧结构性改革闯出一条优质绿色之路。

2019年，我国进口乳制品279万t，折合原料奶计约1 731万t，占国内奶类产量的52.3%，奶源自给率为65%，已经明显低于70%的目标自给率。过度依赖进口，乳制品供应及价格或将受制于人。如果过度依赖进口，将导致整个产业将陷入非常被动的局面。2018年爆发的"乳铁蛋白事件"给国产奶业的安全敲响了警钟，乳铁蛋白的价格由每千克2 000多元上涨至30 000多元，据不完全统计，有十几家婴配粉企业由于原料不足被迫停产。2020年，新冠肺炎疫情全球蔓延，国际乳制品供应链面临严峻考验，一直作为我国重要的乳制品进口贸易伙伴的澳大利亚议员提议采取措施限制对中国出口婴儿配方奶粉。澳大利亚是我国重要的乳制品来源国，特别是婴儿配方乳粉和包装牛奶进口比重还在不断上升。据中国海关统计，2019年，中国从澳大利亚进口大包粉6.82万t，占总进口量的6.7%，同比增加29.3%；进口婴幼儿配方乳粉占比3.7%，同比增加18.4%；进口包装牛奶10.32万t，占11.6%，同比增加27.2%。

如果国内奶业不能健康发展，甚至是没有了自己的奶业，只能大量依靠进口，将面临乳制品供给安全风险。我国奶业发展历经数十年，政策的出台都是结合时代背景、权衡利弊后做出的决定。十年前下调生乳标准，正是站在当时的环境下考量，只有这样才能让当时大而不强的中国乳业存活下去，才能给奶农以喘息之机，才能避免眼睁睁地把市场交给外国乳企，才有了如今在积蓄中逐渐升级发展并壮大的中国乳业！

从经济角度看，乳制品价格上涨、抗国际乳制品贸易风险的能力下降，很可能发生供应不足的情况，对婴幼儿的影响极大，也容易引发社会恐慌。以大豆产业为例，中国加入世界贸易组织后，各农业强国以大豆为"攻城略地"的先锋，纷纷进入中国市场。2019年，中国进口大豆总量超过8 850万t，大豆供给市场中的83%为进口产品，对外依存度非常高。值得深思的是，大豆多用作饲料，国内自给不足尚且如此被动，而牛奶是为居民提供优质蛋白的食品，更是婴儿的第一口粮，如果过度依赖进口，后果将比大豆还严重。目前新冠肺炎疫情全球肆虐、中美贸易争端错综复杂，整个行业更应该居安思危，切实保障乳品国内供应能力，坚定中国人的奶瓶子要牢牢掌握在自己手中。

相比于奶业发达国家"养牛、收奶、加工、销售"一体化的发展模式，我国奶业虽逐步建立了完整的产业链条，却没有形成合理的利益分配机制。上游养殖环节多而散，在奶业产业链上处于弱势地位，下游乳企高度集中，完全处于市场优势地位，全面掌控了生鲜乳收购数量、质量等级和价格等方面的决定权，形成"加工巨头、养殖矮子"的格局。奶农高度依附于乳企，在生鲜乳收购过程中，对收购数量、质量、价格等方面缺乏谈判筹码。同时，在投入品的选择上也不具有绝对自主权，生鲜乳限收、拒收、压级压价以及搭售、摊派投入品等行为时有发生。据统计，2015年以来，每年上半年的乳制品消费淡季都发生"卖奶难"问题，严重时生鲜乳限收量占到总产量的10%～15%，面对如此大的压力，大部分奶农和分散养殖户纷纷选择退出奶牛养殖，据农业农村部顶点监测数据，2019年12月，全国奶牛养殖场（户）数为2.85万个，同比减少9.1%，环比减少2.5%。要完善乳制品价格形成机制，帮助消费者实现"乳制品自由"，需要构建高质量饲料生产—奶牛养殖—奶类加工—奶品消费有机衔接的健康发展模式，从产业链每一环入手，保障全国人民的"奶瓶子"。

在饲料生产方面，首先，以提高奶牛单产和牛奶品质为目标，培育适合中国气候条件的苜蓿良种，加快研发分区域奶牛苜蓿生产、青贮制作、储存、包装、饲喂等全程绿色高效技术规程；其次，加快奶牛新品种选育和优良品种选育，推进奶牛生产性能测定工作，建立牛奶品质提升营养调控技术体系，这需要加大科研支持力度；最后，加强乳品营养健康方面的基础研究，明确本土奶对人体营养健康的功效及机理机制也是重要的研究目标，由此揭示本土奶营养品质优势，带动本土奶的消费。

近年来，我国牛奶产量位居世界前列，在国内乳制品生产消费加速增长、牛奶产业升级加快推进、奶牛养殖效益相对平稳的大背景下，养殖成本居高不下，乳品价格竞争力不强；优质粗饲料缺乏，乳制品质量上升空间受限；全产业链市场培植欠均衡，各环节利益联结机制趋弱；环境保护压力加大，奶牛养殖产业发展不稳等问题日渐突显。受养殖成本刚性上涨的推动,我国生鲜乳国内成本不断上升,乳制品加工逐步转向"高端""高价"定位,2009—2017年,按散养、小规模、中规模和大规模不同养殖规模计,我国奶牛养殖成本分别上涨0.98元/kg、0.84元/kg、0.93元/kg和0.79元/kg,年均增长率各为5.41%、4.73%、4.61%和3.72%。随着城镇化、工业化推进,土地、人工、投入品等农业生产资料成本将逐步提高,必然会带动奶牛养殖成本继续增加。2010—2018年,我国常温奶市场价格年均增长5%,加工乳制品与原料奶的比价由2.7增至3.4,已经远高于国际2.5的平均水平。农业农村部等九部委联合印发《关于进一步促进奶业振兴的若干意见》,提出要以实现奶业全面振兴为目标,优化奶业生产布局,创新奶业发展方式,建立完善以奶农规模化养殖为基础的生产经营体系,密切产业链各环节利益联结,提振乳制品消费信心,力争到2025年全国奶类产量达到4 500万t,切实提升我国奶业发展质量、效益和竞争力。要加大对奶农的扶持力度,以适度规模养殖为导向、以家庭牧场为重点,综合运用直接补贴、技术补贴、贴息担保贷款多种方式,稳定奶农养殖收益。

可以借鉴欧盟五国奶农风险管理模式,积极开展风险评估,采取成立奶农合作社、发展保险、专家指导、乳品期货交易、扩大养殖规模等方式减小奶农风险。学习欧盟应对牛奶价格危机的政策措施,如启动市场干预收购、鼓励私人储存过量产品、重新启动出口退费政策、调整补贴制度和提高资金支持力度等。美国将保障奶农利益、促进奶业健康发展的一系列支持政策统称为奶业安全网,美国奶业安全网兼顾奶农利益与奶业竞争力,对我国有很好的借鉴意义,要重视支持政策间的协调配套,确立奶农在奶业利益分配体系中的中心地位,实施分类定价,实现收益共享。要引导国内外乳资源合理分工,在高线城市大力发展使用生鲜奶为原料的产品消费,如低温乳制品、婴幼儿奶粉等，给予本土奶源的"鲜、活"性溢价；使用进口原料奶生产常温奶、乳饮料等产品，满足中小城市消费需求以及消费者对乳制品个性化需求。既保持市场开放，满足国内消费升级需求，又保护国内奶牛养殖产业。

在乳制品加工方面，奶类食物是生活必需品，是全社会的普惠食物，要避免过度加工、过度包装、过多环节、过高利润，制造所谓的"高端食品"，鼓励通过简洁加工、就近加工，做到安全卫生、绿色低碳、营养鲜活的牛奶就在身边，经济方便，惠及每个家庭，让中华民族更加健康强壮。

在乳制品消费方面，经济增长、城镇化率提高、老年人比重提高、乳品新业态等因素不断助推乳制品消费升级。2019年中国大陆人均奶类消费量35.9kg，与中国台湾人均奶类消费水平持平，低于日本和亚洲平均水平约40%，不足全球平均水平的四成。与中国膳食指南人均每日300g液态奶推荐标准相比，当前奶类消费仅为推荐量的32.8%，奶类提供蛋白质占人均每日动物蛋白供给量的6.7%，比全球奶类蛋白平均水平低了近20个百分点，所以无论从消费还是营养角度来讲，都还有很大差距。根据团队测算，2035年人均奶类消费将达到56kg，与当前35.9kg相比，人均消费需求增长达到20.1kg，按人口14.5亿计，届时奶类消费总需求将达到8 210万t，需求增长空间很大。要使牛奶惠及每个家庭，必须完善原料奶价格形成机制，建立优质优价的引导机制，引领奶业高质量发展。建议实行以质论价、按用途定价和亏额补助等综合性原料奶定价机制，生鲜乳质量特性的按照乳蛋白、乳脂肪、体细胞数和菌落总数4个指标的成分含量将生鲜乳划分为不同级别；对用于加工液态奶、鲜奶油、黄油和奶酪等的乳制品的生鲜乳实行以用途定价机制，一方面有效维持原料奶的价格稳定，另一方面保障奶农收入和原料奶的供给。同时，加快建立原料奶质量第三方检测制度，保障奶农公平交易的权利。此外，应加大"学生饮用奶"推广力度并进行补贴，力争5年内"学生饮用奶"覆盖率增至50%，从小培养科学饮奶习惯。

第二节 乳制品消费指南

一、低温奶与常温奶，哪个更有营养？

如何评价低温奶与常温奶的营养价值，那就要看看他们的出生经历。常温奶诞生前可谓经历了"超高温"的考验，会造成营养素的流失或失效。从这个角度上讲常温奶的营养价值要低于低温奶。具体的比较可以看看下面的"营养"擂台的数据。

低温奶中蛋白质的含量与营养价值高于常温奶。低温奶中β-乳球蛋白含量为2 900mg/L，远高于常温奶（200～400mg/L）低温奶中的钙含量丰富且易吸收。常温奶经超高温灭菌后，一部分优质的可溶性钙会转化成不溶性钙，不容易被人体吸收。

低温奶中的维生素含量高于常温奶。低温奶中的维生素B_1、维生素C、维生素B_{12}、叶酸含量要高于常温奶。

低温奶中天然活性物质含量高于常温奶。低温奶最大限度地保全牛奶中的乳铁蛋白、生物活性肽、低聚糖、乳矿物质等多种生物活性物质。

二、国产奶好还是进口奶好？

从营养品质上看，到底是国产奶好，还是进口奶好？农业农村部奶产品质量安全风险评估实验室（北京）连续3年在国内20多个大中城市的超市内，对国产液态奶和进口液态奶进行抽样评估和比较研究，结果表明，品质方面，国产奶明显优于进口奶。首先，进口液态奶保质期偏长。评估分析发现，国产巴氏奶的平均保质期为6d，而进口巴氏奶的平均保质期为16d。国产UHT奶的平均保质期为182d，进口UHT奶的平均保质期达到318d。其次，进口液态奶中的活性蛋白质因子含量显著偏低。国产液态奶中乳球蛋白和乳铁蛋白等活性蛋白普遍高于进口液态奶，在活性蛋白因子含量方面，国产优质巴氏杀菌乳中的平均值为2 291mg/L，进口巴氏杀菌奶乳的平均值为186mg/L。国产优质巴氏奶的乳铁蛋白平均含量为10.4mg/100g，进口奶只有1.3mg/100g。最后，进口液态奶糠氨酸含量偏高。糠氨酸是牛奶受热过程中的副产物，糠氨酸含量越高，说明奶产品加工温度越高、时间越长或者运输距离越远，牛奶品质越差。经测定，国产巴氏杀菌乳和国产UHT灭菌乳加热后产生的糠氨酸平均值分别为7.4mg/100g、160.1mg/100g，而进口巴氏杀菌乳和进口UHT灭菌乳加热后糠氨酸平均值高达31.8mg/100g、234.3mg/100g。

进口奶在生产国可能是优质奶，但是出口到中国，要经历运输距离远、保存时间长、加工温度高三大挑战，所以品质显著下降，到消费者手中，就很难再是优质奶。

三、液态奶选购秘籍

选择所需的牛奶时，尽可能选择配料栏中的原料是生牛乳或100%鲜牛奶的。

一般蛋白质含量决定其营养价值，每100mL巴氏奶、常温白奶、酸奶中蛋白质的含量一般在3g左右。全脂牛奶脂肪含量一般在

3%左右，低脂牛奶脂肪含量不超过1.5%，脱脂牛奶脂肪含量不超过0.5%。

购买方便且家里有冰箱等冷藏设备的人群，建议选择巴氏奶和/或酸奶。

购买不方便或家里无冰箱等冷藏设备的人群，建议购买常温白奶。

对于健康人群来说，正常选择全脂牛奶更好；需要额外严格控制脂肪摄入量的人群，可以根据自身需求选择低脂牛奶或脱脂牛奶。

第三节　促进乳制品消费的政策建议

目前我国人均乳制品消费水平较低，亟须加强引导增加消费数量，建议积极扩大乳制品消费，加强乳制品消费引导，继续保持乳制品消费较快增长的良好局面。

一、统筹境内外资源，保障乳制品有效供给

奶业作为畜牧业的重要组成部分，在推动畜牧业乃至农业发展、优化农业产业结构、改善城乡居民膳食结构、提高人民营养水平方面均发挥了重要作用。因此，坚持奶业可持续发展，可以满足畜牧业结构调整、保障乳制品安全、保障国民健康和实现农民增收的多方面需要。建议科学研判乳制品进口形势和贸易空间，建立与需求、贸易相匹配的生产目标。同时以优质安全、提质增效、绿色发展为目标，加快转变奶业生产方式，提升奶业发展质量。奶业发

第七章　科学食用乳制品指导和建议

达国家高度重视乳制品质量安全，澳大利亚作为奶业生产和出口大国，拥有惠氏奶粉、贝拉米婴幼儿奶粉等享誉世界的知名品牌，主要得益于其严格的质量控制。在确保质量安全的基础上，发达国家也对乳制品进行分级分类管理，政府部门制定产品质量分级标准体系，开展相关服务。

二、推动由"喝奶"向"吃奶"转变，引导消费升级

为有效提高居民奶酪消费水平，推动居民由"喝奶"向"吃奶"转变，具体建议措施如下。

（一）多渠道普及奶酪营养价值，提高居民接受程度

培育奶酪等干乳制品新的增长点，注重奶类品种创新，开发易于中国消费者接受的奶酪，满足各阶层各年龄段消费者不同的消费需求。企业、中国奶业协会、中国乳品工业协会等可通过多种媒体宣传和包装向消费者宣传奶酪的营养价值，转变人们对奶酪的看法。

（二）增加学生奶产品种类，从小培育奶酪消费习惯

分析结果表明，越早养成饮用乳品习惯，参与奶酪消费的可能性越高。因此从娃娃抓起，从小培养喝奶吃奶习惯，在现有学生奶采用高温灭菌乳品种的基础上，考虑学生营养改善实际需求，将干酪加入学生奶产品种类，科学、合理和稳妥扩大覆盖面。开发儿童奶酪零食[①]，注重奶酪零食的方便性、营养性。

---

① 2020年5月，中国副食流通协会发布《儿童零食通用要求》里首次提出"儿童零食"的定义，即区别于普通零食，儿童零食指适合3~12岁儿童食用的零食，标准指出乳及乳制品作为可经常食用的首选零食。

（三）发展奶豆腐等特色奶酪，丰富消费者选择

鼓励民族乳制品特色化发展，全国奶业主产区可依托地处黄金奶源带优势，积极发展中国特色的奶豆腐等干乳制品，生产具有不同风味的特色奶酪等高端乳制品，丰富消费者的选择。支持牧区开办民族特色乳制品工厂化生产试点，从政策和制度层面上对民族特色和民族传统乳制品生产提供依据和规范。同时，建议设立专项资金，减免营业税、进口设备关税政策，加快奶酪行业发展。

三、推进乳制品营养价值普及，提升牛奶营养健康认知

2019年人均每日奶类消费量98.4g（折原奶），仅相当于卫生健康委员会每日300g推荐量的32.8%，与营养需求差距很大。据食物营养所春节期间开展的1 068份消费者调研数据，如果提高对乳制品营养价值的认知，60%以上的消费者会增加牛奶消费，建议利用疫情期间居民营养健康意识较高这个有利时机，加强奶类营养与健康知识科普，提高对居民对乳制品营养价值的认知。

四、建立乳制品价格监测体系，避免盲目追求高价乳制品

（一）加强对乳制品价格监管，建立价格监测体系

合理化乳制品价格能增强消费者对国产乳制品的消费信心与忠诚度，通过价格干预实现对居民乳制品消费结构的调整及改善。建议对乳制品进行分级管理，实行优质优价原则，缓解国内乳制品价格高对进口产品替代增强的作用。我国奶业纵向产业链中，养殖加工销售环节利润比为1∶3.5∶5.5，投资比为7.5∶1.5∶1，养殖端属于重资产投入，轻利润回报。建立我国乳制品定价体系及监测预警

体系，能够有效平衡奶业各个主体的利益。

（二）推进乳品营养价值普及，避免盲目选择乳制品

回归牛奶鲜活本色，避免过度追求高端奶导致终端乳制品价格过高。增强乳制品消费引导，在全国范围内重点推进"天然活性营养"乳制品价值的知识普及，倡导科学选择乳制品，避免好奶高价的盲目选择理念与非理性消费模式。规范乳制品市场竞争行为及广告宣传，避免放大乳制品"非优即次"消费心理。

五、扩大学生奶覆盖对象，从小培养科学饮奶习惯

2018年，全国在校小学生数量1.56亿，只有2 200万学生坚持在校饮奶，占比仅14%，覆盖人群比较有限。建议扩大小学生学生奶覆盖人群，确保贫困地区全覆盖，明确将学生奶纳入学生营养餐，同时将幼儿园低龄人口纳入学生奶覆盖范围。

六、增强本土奶竞争优势，加快实施优质乳工程

加强消费者对优质、鲜活奶产品的认知，帮助消费者摒弃偏颇认识和误区，扩大本土奶的消费。针对消费没标准突出问题，建议尽快实施国家"优质乳工程"，创建优质乳标示制度，科学引导消费，明确品质评价方法与指标，规范加工工艺，确保为消费者提供营养丰富、安全可靠的优质乳制品。

第八章 国内外促进乳制品消费的学生奶计划

牛奶是大自然赐予人类最接近完美的物质，素有"白色血液"的美誉，具有十分重要的营养价值。根据《中国食物成分表》所述，牛奶营养成分齐全，含有蛋白质、脂肪、碳水化合物、钙、磷及维生素。此外，牛奶还有许多生物活性物质。它们不仅能够为人体提供能量和营养素，还对人体健康起到重要的调节作用。从这个角度讲，奶瓶子里装的是国家富强的基础和希望，是每个婴幼儿早期生命最脆弱时的守护神，是健康中国和强壮民族的担当。许多国家把发展奶业作为提高国民身体素质的重要途径，并且取得了历史性成就。如日本"一杯牛奶强壮一个民族"、美国"三杯牛奶行动"、印度"白色革命"等。

一、牛奶在日本学校午餐的作用

日本的学校配餐最早在1889年开始，目的是给贫困的儿童提供午餐。学生餐一直延用到现在，但真正建立制度是在1954年，当时国家出台了一部学校配餐法，过了50多年之后，也就是2008年，国家又对这个法律进行了修订。在学校配餐法颁布后，学生们体格发生了变化，身高、体重有了大幅度的提升，但是近几年体重和身高都持平，特别体重还有所下降。学校的配餐对孩子们的健康生产的作用很大，但是体格今后会不会继续提高，还需要重新审视学校配餐里牛奶的意义。

在日本，推行学校配餐的目的就是要保证学生们的健康和良好的营养状态，同时让他们形成一个良好的饮食习惯，所以学校配餐本身也是学习的一部分。从营养学来看，日本学校配餐有3个特点。第一，它有一个营养标准，即需要多少能量、营养素等都有个标准，对于学生们一般比较缺乏的钙、维生素A、维生素B_1、维生素B_2等是着重增强的。第二，学校配餐中一定会提供牛奶，这不仅是从公共健康方面考虑，还可以提升日本整个食品加工产业的发展。第三，学校配餐的特点就是每个配餐会有菜，饭的分配由学生们自己在教室里进行。

在日本厚生劳动省推荐的营养标准中，学校营养配餐中钙的含量是一天推荐摄入量的一半，维生素B_1、维生素B_2的含量占到一天推荐摄入量的40%。目前，日本的学校配餐有3种类型：一种是全套的，有主食、菜，还有牛奶；一种是补充型的配餐，主食是家里带来的，学校供应牛奶和菜；一种是牛奶加餐，学生从家里带来午餐，学校只提供牛奶。3种配餐类型，都会有牛奶，有的是盒装的，要达到200mL以上的量才可以。

2010年，日本有99.2%的小学和85.4%的初中实行学校午餐计划。其中，98.1%的小学校是全套配餐，到中学，比例就会下降，相反的，只提供牛奶的这种形式就在增加，因为到了中学，很多学生会从家里带来午餐，然后学校供应牛奶。截至2012年，全日本有1 200万的学生在学校可以饮用到学校午餐供应的牛奶。

总的来说，学校配餐中提供的牛奶，可以提高钙的摄取量150mg，让缺钙的人群减少。从公众营养学的角度出发，配餐中的牛奶可以让摄取营养朝着一个好的方向去发展，所以在学校配餐中供应牛奶是非常好的手法，对少年儿童来说，牛奶的营养的意义非常大。

在日本，学生们不一定全都把营养配餐中的牛奶喝掉，有的饭也吃不完，会剩下，特别是到了小学六年级左右，女孩子们模仿电视上的歌星、演员，不喜欢长胖，这些女生就会剩下很多配餐，对奶农、生产者缺乏感激之情。为了避免浪费，日本学校会开发一些面向小学生的教育项目。不光是学语文、学数学，而是把几个学科配合在一起，形成综合性的学习项目。让孩子在牧场体验奶农的工作，包括挤牛奶、给牛刷毛、喂草，还有打扫养牛场等。通过比较，发现去与不去差别很大。没去之前，关于牛和牧场周围的内容，都是一些心理上的概念，想象的内容并不丰富，知识不多，对牛没感情，而且对牛和奶农的感谢之情也没有体现出来。去了牧场体验之后，学生们获取了更多的知识，而且对牛也有感情了，对养牛的农户也非常有感情了。还有一些面向学生的问卷调查，有很多问题，比如："你是不是通过体验，逐渐喝牛奶喝得多了""是不是跟你父母讲了牛奶的重要性和牛的重要性"等。日本对营养方面的教育，是从科学性来分析，比如说牛奶里面钙很多，对身体很好，但对学生们的教育应该是更接近于道德教育——生命的意义、对食物的珍惜，从更广泛的角度，让他们去喝牛奶。

二、波兰学生奶计划的成功经验

波兰奶业协会是一个全国性质的协会，与波兰农场主协会一起，起到与政府、乳品企业沟通的桥梁的作用。波兰学生奶计划开始于2004年，由农业市场厅负责提供。波兰加入欧盟之后，奶业协会就决定建立一个机制，使国民的饮食更加健康，特别是在校学生，同时要降低乳制品价格，提高乳制品消费量。

学生奶计划的成本预算来自3个渠道：第一个渠道是欧盟提供的，欧盟从2004年开始给幼儿园、小学中学提供饮奶补助；第二个渠道是牛奶促进基金提供的，他们的目的主要是为了提高乳制品的消费量，特别是从幼儿园到中学这个年龄段的消费量；第三个渠道是来自波兰政府的预算。目前，学生奶计划的资金70%是波兰政府提供的，20%是欧盟提供的，剩下的10%左右是牛奶促进协会提供的。

奶业协会在促进牛奶消费方面有很多的经验。奶业协会的主要任务就是促进牛奶消费，特别是针对年轻一代通过印制宣传书、小册子，普及牛奶和乳制品的营养知识，也在学校的教室里开展一些知识讲座等。

2004年以后，波兰学生共喝掉了39万t奶，相当于151亿杯牛奶。大约有250万名学生在学校消费乳制品，其中，小学生占74%、中学生占14%、幼儿园孩子占12%。MLEKPOL乳品公司是波兰学生奶提供的领导厂商，占到了学生奶消费量的65%左右。波兰也是欧盟国家中在学生奶普及方面的领军国家。

三、摩洛哥强化学生饮用奶计划解决儿童微量营养素缺乏的问题

根据摩洛哥卫生部2001—2008年所做的关于儿童营养不良状况的调查结果显示，有31.5%的6个月至5岁的孩子有贫血症；有40.9%的6个月至6岁的儿童维生素A不足，其中的3.2%严重缺乏；有63%的6~12岁的儿童缺碘，其中22%的孩子表现为甲状腺肿

大，有2.5%的2岁以下儿童表现为佝偻病。这些调查结果都表明，儿童从饮食中不能获得满足生长需要的足够的维生素。这最主要的一个原因是贫穷。儿童营养不良导致的结果是免疫力低下、生长延缓、精神异常等。

针对营养缺乏症，摩洛哥政府也做了一些工作，推广加碘盐，在面粉中强化铁和B族维生素，在牛奶中强化维生素A和维生素D等，这些工作取得了很大的成效，截至2010年，缺碘和维生素A、维生素D缺乏症已消除，贫血儿童的数量下降了1/3。

Centrale Laitière公司是乳品行业的领导者，拥有众多的乳品种类，同时也推进着各项营养计划。2007年，一个历史性的契机，该公司独立成立一个基金会，应对摩洛哥的营养缺乏状况。2008年开始提供强化营养早餐，具体是在农村的小学，每天都为学生提供强化营养素的早餐，包括200mL维生素A、维生素D、铁、碘都强化的牛奶和营养强化饼干。

2012年，在Doukkala and Azilal地区的170个小学，共有300万份营养早餐分发到了23 000名6~12岁儿童的手中，而在2008年受益的孩子仅有4 000人。受营养早餐的影响，孩子们对上学更加积极，学校的出勤率有了较大的提高。另外，老师们也反映，孩子们的注意力提高了。摩洛哥这些地区的孩子，每天一般要走两三千米来上学，通过改善营养早餐，他们的免疫力也得到了提高。

科学家们针对7~9岁儿童饮用强化奶对营养状况影响进行研究，将健康的儿童分为2组：一组提供营养素强化牛奶，在牛奶里添加维生素A、维生素D等；一组是提供一般的牛奶。检测结果显示，营养强化奶有很好的营养效果，减少了一半的营养不良，而饮用普通牛奶的这一组，营养不良率也大大降低；维生素A缺乏彻底消失；维生素D缺乏得以减少；缺碘的人数也在减少。

四、泰国促进学生奶项目的活动

泰国实施学生奶,开始于1960年,当时的泰国国王认为牛奶可以提供丰富的营养,对孩子来说是非常重要的,而且可以促进奶牛养殖户收益的增长,所以和丹麦政府合作开始推动学生奶项目。在那之后,泰国建设了很多奶牛场,以前在泰国很少有牛奶,后来又出现了进口奶粉供货过盛的状况,所以政府想把一些牛奶供给学生。

学生奶项目受惠儿童从最初的70万人,增加到700万人,年龄层从幼儿园到小学6年级。全部资金为政府投入,每年达到6 500万元。通过这个项目的实施,泰国儿童营养不良率在下降,营养不良率从1990年19%,下降到了2006年的5%。同时,儿童的身高也有了明显的提高。另外,牛奶的消费量也有了较大的提高。1987年,泰国的原料奶的消费量是6 500万L,到了2011年,达到了93 000万L,年人均大概是30L以上,2011年泰国乳业的整体市场规模达到了21亿美元。

为了推动学生奶项目,还开展了很多活动,如环保活动——泰国的孩子们把它叫作爱的再生利用。这项活动不仅在学校免费提供牛奶,同时还把回收来的垃圾进行再生利用。刚开始,有17个地区,6 000多个学校参加了这个环保活动。参与废弃物流通的企业,会到学校介绍怎么回收这些包装盒:要先把它剪开,然后把里面洗干净,在教室里面晾干以后,送到工厂可以用作生产纸箱的纸板。

还有一些介绍牛奶的价值、对健康的益处、安全性等的活动,通过印制宣传小册子、海报,或是面向教师、学生们办刊物、讲座等,告诉他们:饮用牛奶的好处,牛奶来自哪里,是怎么加工出来，高质量和劣质的牛奶是怎么区分等。通过这些宣传活动，让人们了解牛奶是多么富有营养的一种食品，牛奶的营养能够加强骨骼、牙齿健康。还请一些名人来做宣传活动，如奥运会的金牌获得者、拳击的冠军。

五、墨西哥牛奶供给项目为贫穷儿童获取营养

食品是不可或缺的营养来源，所以对所有人来说都有权利获得。墨西哥宪法第四条也讲到，所有的国民都拥有这个权利，去获取有营养的食品。2013年墨西哥政府设定了国家开发计划，其中规定所有的国民有权行使社会权利。也就说要从贫困以及食物匮乏之中摆脱出来，使得人们能够有足够的食物，有足够的营养，并在墨西哥消灭饥饿。在脱贫的过程中，需要开发人们的能力，使得人们的生活水准能够提高，不断提高生产效率。

通过粮食支援项目，墨西哥实施了国家政策，比方说学校的配餐制度。早在1929年，有一个牛奶供给项目，目的是为了帮助贫穷儿童获取营养。当时配餐都是一些凉的东西，比如说全乳、糕点。随着时间的推移，这个项目推广的学校越来越多，相关的项目也越来越多。1961年，墨西哥儿童保护厅把项目进行了整合，同时又设置了另外一个平台——全国儿童保健机构。

1961年，利乐成了第一个开始援助墨西哥学生奶项目的国外企业，也在墨西哥设立了瑞典以外的第一个工厂。利乐是食品加工和包装流通的世界知名企业，也为墨西哥政府的牛奶营养推广活动提供了很多的帮助。

墨西哥儿童保护厅在1977年开始配餐活动，在墨西哥各州逐渐推进学校配餐，利乐提供的高温杀菌牛奶，加上一些糕点一起配给

儿童，使墨西哥儿童在学校学习之余，还能摄取足够的营养。1997年以后，各州也有了一些分支机构，由这些分支机构进行配餐的运营。他们可以使用当地的食材，并结合当地的饮食文化、传统来进行学校配餐。目前，学校早餐配餐的年预算达到了4亿美元，每年有10.1亿的营养早餐送到了孩子们手中。跟其他的社会项目一样，学校配餐项目也会根据国民的需求不同而变化。2000年以后，学校的配餐都是经过加热的，吃起来更可口，营养的摄取更合理。这个新的早餐配餐，除蔬菜、全脂乳、燕麦片外，还有新鲜的水果、脱脂或半脱脂牛奶。牛奶是利乐包装的，因为要运到偏远的地区，利乐包的保存时间较长，能马上开封饮用，卫生管理也很好，可以在非常安全的状态下将牛奶送到孩子们的手上。

很多母亲、当地的牛奶供应商、政府相关部门都积极地参与到营养早餐的活动中，为使更多的儿童能够获得充足的营养，使他们能够健康、快乐的成长。

六、欧洲学生奶计划的经验

欧洲奶业协会的使命是提高乳业的效益，联系乳品企业和乳业决策者。在学生奶方面的政策是要向学生提供牛奶，同时把更多的营养的知识也告诉他们，让大家都过上健康的生活。

截至2011年，欧盟的26个成员国中，除克罗地亚外，都实行了学生奶计划。目前，共有2 035万学生享受到了学生奶，年消费牛奶31万t，欧盟提供的项目补助资金达6 885万欧元，各成员国提供的项目补助金额为4 144万欧元。

欧盟学生饮用奶计划开始于1977年，目的是为了稳定农民收入，减少乳制品的库存，在学校为学生提供牛奶，缓解市场供过于求的情况。真正的出台相关的立法，则是在2008年，立法确定了简单和清晰的实施规则，并将实施范围扩大到中学，产品的范围也有了扩充，对营养的标准要求更加严格，对于牛奶里的糖分，要求从每100mL含10%降低到7%。

2008年，欧盟出台的监管学生奶法案中，包括了几个方面的内容：监管的机构类型有幼儿园、托儿所、小学、中学；补助的数量，每个学生每天通过补助能获得250mL牛奶；营养方面也有了更严格的规定，对于牛奶中糖的添加量做了限制；对乳制品进行了分类，具体分为5类，在这些不同的产品中，限定了那些能得到补助。第一类的调味奶，对里面牛奶的最低含量做了规定；第二类里，至少要含有75%以上的牛奶；第三类，规定必须是新鲜的或是加工的奶酪；第四类是意大利的奶酪；第五类是其他奶酪，或乳酸菌类的产品，规定每100kg奶酪最多能获得130欧元的补助。

2008—2011年，欧盟每年提供的学生奶数量都在300t左右，能够提供补助的学生奶只占1/10，因此，欧盟可以再为更多的孩子学校提供牛奶和乳制品，为让他们免费获得牛奶做更多的事情。

实施学生奶计划，欧盟有个整体的框架，底下的加盟国以不同的形式来参加学生奶计划。各个国家会根据具体的情况，确定补助金如何支持学生奶计划。首选是欧盟委员会，然后是各国政府，再下来是各个地方政府来做详细的决策，然后补助就通过这些渠道发放出去，这些补助既有国家层面提供的，也有地方层面提供的。

加盟国家可以自己决定提供给学校哪一类的乳制品，如有的国家仅提供第一、第二、第三类乳制品，有的国家则是所有的产品都提供。这些都是根据各个国家的公众卫生方针和政策来决定的，对营养方面的标准也各不一样。

2011年欧洲会计审计署对自1977以来进行的学生奶项目以及

2009年开始的水果项目进行了评估。国家到底向学校提供了多少牛奶，虽然因国家而异不一样，但是欧洲的会计审计署还是从外部进行了一个评估。评估报告的覆盖面很广，内容包括：运行方面的负担很大，或者说得不到充分的资金，不能向所有的孩子提供免费牛奶；项目本身有些不透明的地方，还不能普及；社会的大环境发生变化，牛奶的消费量也在降低等。这些都是外部的因素。同时，大多数孩子没有农业方面的知识，也不知道食品是从哪里来；也有供应的问题，经历了2008年的金融危机后，政府也没有财力去支付这些补助。因此，2013年学生奶项目进行了一些修改，在重新修改时，也制定了新的目的，分3个领域：第一个就是增大对乳制品的需求，稳定和进一步发展乳制品市场，支持奶农，促进当地经济发展，支持短供应链，促进欧盟农业的发展；改善孩子们的饮食习惯，让他们选择健康的生活方式，养成正确的食物价值观，尊重环境；高效、协调和统一地运行两个项目，简化和减少行政负担。

修改了学生奶计划的目的之后，欧洲委员会还对公众意见进行了征询。对如何推进学生奶项目的意见征集，主要有3个方面：一是项目是不是就此推进下去，还是把项目的内容改成一部分水果奶等；二是资金的来源是不是应该分开考虑，还是需要做个新的框架制度；三是不仅仅是水果，是不是还可以包括其他的一些产品，比如说土豆、鸡肉、蜂蜜、鸡蛋等。

七、俄罗斯学生奶计划的经验

2004年，俄罗斯开始启动学生奶项目，2005年，开始试行，资金由政府百分之百提供而且只提供纯牛奶。同时有国家的标准，比如说原料乳的质量、处理、包装等，只有符合标准的牛奶才能提供给学校，而且还会有一个认定，只有得到认定的牛奶才能够提供给学校。

虽然学生奶项目得到了总统的支持和批准，俄罗斯的众议院也得到了通过，政府的机构也在推进这项努力，但遗憾的是，这个项目必须要靠各地方政府的努力才能推广，所以各级地方政府的领导意愿不同，实施情况就会有差距。

目前，俄罗斯有46个地区、83个联邦实体、280万名学生参加到学生奶项目中，其中6～11岁的小学生是主要的实施对象，占学龄儿童的21%。到2012年，俄罗斯大部分的地区都实施了学生奶计划；也有一些地方受到经济危机的影响，后来又取消了学生奶项目；还有一些地方，因为议会改选，预算变化较大，学生奶项目拿不到预算等。

另外，家长、老师的参与是很重要的，因为他们对孩子的影响很大，如果家长不理解、不相信牛奶的价值，可能就会传递给孩子，所以要向家长强调定期喝牛奶的重要性，让孩子们在家里也要多吃乳制品，不光是在学校喝一杯牛奶就够了。对于生产者来讲，可以提高他们的社会地位，让社会对生产者、对生产的产品质量有深入的了解，这样不仅能普及营养知识，还能宣传产品。另外，学生奶项目必须保证稳定的供给，要让地方政府或者中央政府理解到这是他们社会责任的一部分，而且要让他们知道学生奶计划能带来很好的效果，所以孩子、家长、老师、生产者以及地区的政府机构都应该参与进来。

俄罗斯的营养教育是采用双向交流的授课，教给孩子们钙、蛋白质、维生素在一起能让小朋友更强大、身体更好，而且还要编出非常吸引孩子们的冒险故事，非常生动地把牛奶的营养知识告诉小朋友，也通过一些游戏，让小朋友们了解到牛奶的价值等。通过这种有趣的授课,会给孩子们留下深刻的印象,带动牛奶的消费增加。在牛奶书里面,有面向家长和老师的一些内容。另外,通过生动的授课孩子们会留下深刻的印象,回家孩子们会告诉家长,对于父母也是一种教育。另外,还有像记者招待会、发布新闻公报等宣传活动,让大家都意识到学生奶计划能够给社区带来的好处,如促进孩子们的健康、扩大牛奶的消费量等。另外,产品的品牌宣传对生产者来说也是很有收益的。

目前关于学生奶推广的活动是多种多样的,既有双向互动的,也有授课型的,或者是比赛型的等。不管哪一种方式,都是为了带动牛奶的消费,使孩子们在毕业之后也能不断地喝牛奶,让喝牛奶成为他生活习惯的一部分。

八、中国"国家学生饮用奶计划"

2000年11月15日,农业部、中共中央宣传部、财政部等九个部委在人民大会堂召开新闻发布会,正式宣布实施国家"学生饮用奶计划"。2013年9月5日,农业部、国家发展改革委员会、教育部等七部委联合发布《关于调整学生饮用奶计划推广工作方式的通知》,将国家"学生饮用奶计划"推广工作整体移交给中国奶业协会。2014年组织专家制定了《国家"学生饮用奶计划"推广管理办法(试行)》,2017年依据发展需求进行了修订。同时,对标国家标准,对接国际标准,制定了学生饮用奶《生牛乳》《纯牛奶》《灭菌调制乳》《奶源基地管理规范》《中国学生饮用奶标志》5项团体标准。办法和标准的制定,规范了生产,保障了质量安全,让学生饮用奶计划推广工作有法可依、有标可循。

20年来,学生饮用奶从无到有,从少到多,从局部试点到全面推广，从大中城市到城镇农村，推广范围不断扩大，推广数量不断增加。目前全国学生饮用奶日均供应量1 850万份以上，惠及2 200万中小学生，覆盖全国31个省区市的6万所学校。在册学生饮用奶生产企业117家，隶属70家集团公司，分布在全国的28个省区市，日处理生鲜乳总能力5万多吨。备案学生饮用奶奶源基地366家，分布在全国29个省区市，泌乳奶牛总存栏近40万头，日均供应生鲜乳1万多吨。规范学校操作，中国奶业协会联合中国学生营养与健康促进会，开展"国家学生饮用奶计划推广示范学校"认定，2015年至2019年，共认定示范学校有5批263所。"学生饮用奶计划"的顺利实施，对改善和提高我国中小学生营养健康水平，促进乳品消费和奶业振兴起到了积极作用。

参考文献

蔡琳飞，李键，陈炼红，2015. 我国奶酪产品研究现状及分析[J]. 中国乳品工业，43（7）：42-44，48.

陈波，2013. 不同收入层级城镇居民消费结构及需求变化趋势：基于AIDS模型的研究[J]. 社会科学研究（4）：14-20.

陈忠明，郭庆海，姜会明，2018. 居民食物消费升级与中国农业转型[J]. 现代经济探讨（12）：120-126.

杜文雯，张兵，王惠君，等，2011. 1991—2006年中国九省（区）儿童饮奶状况及其对膳食营养素及生长发育的影响[J]. 中华预防医学杂志，45（4）：313-317.

范金，王亮，坂本博，2011. 几种中国农村居民食品消费需求模型的比较研究[J]. 数量经济技术经济研究，28（5）：64-77.

范荣静，王宝英，2011. 中国城市乳制品消费状况：对北京、上海及广州的调查[J]. 古今农业（4）：110-116.

国家卫生计生委疾病预防控制局，2016. 中国居民营养与慢性病状况报告（2015年）[M]. 北京：人民卫生出版社.

国务院办公厅，2018.《关于加快推进奶业振兴保障乳品质量安全的意见》[R/OL]（2018-06-11）[2020-6-15]. http：//www. gov. cn/xinwen/2018-06/11/content_5297885. htm.

韩啸, 齐皓天, 王兴华, 2019. 收入对城镇居民食物消费模式影响研究: 基于两阶段EASI模型估计[J]. 北京航空航天大学学报: 社会科学版, 32(2): 92-98.

何忠伟, 刘芳, 吴夏梦, 2016. 基于SEM的国内外乳制品择定模式研究: 基于北京506个消费者样本的调研[J]. 农业技术经济(3): 24-35.

胡冰川, 周竹君, 2015. 城镇化背景下食品消费的演进路径: 中国经验[J]. 中国农村观察(6): 2-14, 94.

胡定寰, Fuller F, Reardon T, 2004. 超市的迅速发展对中国奶业的影响[J]. 中国农村经济(7): 11-17.

黄季焜, 2018. 四十年中国农业发展改革和未来政策选择[J]. 农业技术经济(3): 4-15.

霍晓娜, 曹志强, 2018. 我国酸奶市场竞争格局与发展趋势[J]. 中国乳业(3): 8-10.

李秉龙, 邢伟, 乔娟, 2008. 消费者乳品购买行为与支付意愿分析: 以北京市居民为例[J]. 中国食物与营养(7): 31-34.

李国景, 陈永福, 焦月, 等, 2019. 中国食物自给状况与保障需求策略分析[J]. 农业经济问题(6): 94-104.

李哲敏, 2007. 近50年中国居民食物消费与营养发展的变化特点[J]. 资源科学(1): 27-35.

刘维娜, 2014. 浅析中美奶酪[J]. 中国乳业(10): 64-66.

刘向东, 米壮, 2020. 中国居民消费处于升级状态吗: 基于CGSS2010、CGSS2017数据的研究[J]. 经济学家(1): 86-97.

刘长全, 韩磊, 张元红, 2018. 中国奶业竞争力国际比较及发展思路[J]. 中国农村经济(7): 130-144.

陆海霞, 2009. 中国奶类消费现状及影响因素研究. 中国乳业

（3）：28-33.

聂迎利，2009. 收入对中国城镇居民奶类消费的影响分析. 中国农学通报，25（16）：332-337.

钱贵霞，郭晓川，邬建国，等，2010. 中国奶业危机产生的根源及对策分析[J]. 农业经济问题，31（3）：30-36，110.

全世文，于晓华，曾寅初，2017. 我国消费者对奶粉产地偏好研究：基于选择实验和显示偏好数据的对比分析[J]. 农业技术经济（1）：52-66.

沈辰，穆月英，2015. 我国城镇居民食品消费研究：基于AIDS模型[J]. 经济问题（9）：81-85，104.

史玉东，胡新宇，2009. 论奶酪中的营养成分[J]. 中国乳业（6）：42-45.

宋亮，2018. 中国乳业进入3.0时代行业面临大洗牌[J]. 中国乳业（6）：2-5.

苏畅，张兵，王惠君，等，2018. 2015年中国15省（自治区、直辖市）45岁及以上居民饮奶状况及其对膳食钙摄入的影响[J]. 卫生研究，47（2）：194-198.

孙长颢，2017. 营养与食品卫生学（第8版）[M]. 北京：人民卫生出版社.

万金，2012. 中国农产品贸易比较优势动态研究[D]. 华中农业大学.

王健宇，徐会奇，2010. 收入性质对农民消费的影响分析[J]. 中国农村经济（4）：38-47.

王小华，温涛，2015. 城乡居民消费行为及结构演化的差异研究[J]. 数量经济技术经济研究，32（10）：90-107.

吴蓓蓓，陈永福，易福金，2019. 城镇家庭收入分布变动对其食物消费的影响：兼论与静态模拟结果的比较[J]. 农业现代化研究，

40（2）：264-272.

吴蓓蓓，陈永福，于法稳，2012. 基于收入分层QUAIDS模型的广东省城镇居民家庭食品消费行为分析[J]. 中国农村观察（4）：59-69，94-95.

武爱群，2018. 奶酪的营养价值及国内消费市场培育研究[J]. 食品安全导刊（21）：166-167.

许菲，白军飞，张彩萍，2018. 中国城市居民肉类消费及其对水资源的影响：基于一致的Two-step QUAIDS模型研究[J]. 农业技术经济（8）：4-16.

许世卫，2009. 中国奶业消费特征与消费量预测[J]. 中国食物与营养（12）：4-7.

杨怀谷，郑楠，王加启，2016. 巴氏杀菌乳和超高温灭菌乳营养价值及卫生安全对比研究[J]. 中国乳业（7）：62-67.

杨伟民，韩蒙，2014. 中国奶酪的市场现状与营销建议[J]. 中国乳业（4）：8-11.

于文奇，穆月英，张哲晰，2019. 收入增长对城乡居民消费差异化的影响分析：基于拓展LA/AIDS模型[J]. 中国食物与营养，25（1）：10-15.

俞剑，方福前，2015. 中国城乡居民消费结构升级对经济增长的影响[J]. 中国人民大学学报，29（5）：68-78.

翟世贤，张彩萍，白军飞，2017. 收入增长和城市化对液态奶消费结构的影响[J]. 中国农村经济（8）：45-60.

张彩萍，白军飞，蒋竞，2014. 认证对消费者支付意愿的影响：以可追溯牛奶为例[J]. 中国农村经济，（8）：76-85.

张书义，2017. 加快奶业供给侧改革积极发展中国本土干酪产业[J]. 中国乳业（5）：12-16.

张岩，金少胜，袁绕，2017. 乳制品消费影响因素探究：基于CHNS数据的分析[J]. 中国畜牧杂志（1）：124-130.

张玉梅，喻闻，李志强，2012. 中国农村居民食物消费需求弹性研究[J]. 江西农业大学学报（社会科学版），11（2）：7-13.

郑志浩，高颖，赵殷钰，2015. 收入增长对城镇居民食物消费模式的影响[J]. 经济学（15）：263-288.

中国乳制品工业协会，2018. 2018年中国人奶商指数调查报告[R]. 北京：中国乳制品工业协会.

中国营养学会，2016. 中国居民膳食指南（2016）[M]. 北京：人民卫生出版社.

AKBARI E, ASEMI Z, KAKHAKI R D, et al., 2016. Effect of probiotic supplementation on cognitive function and metabolic status in Alzheimer's disease: a randomized, double-blind and controlled trial[J]. Frontiers in Aging Neuroscience, 31（8）：256-262.

ALEMAYEHU D B, JOOST B, RUERD R, 2017. How do health information and sensory attributes influence consumer choice for dairy products? Evidence from a field experiment in Ethiopia[J]. The International Journal of Quality & Reliability Management, 34（5）：667-683.

BAI J, WAHL T I, MCCLUSKEY J J, 2008. Fluid milk consumption in urban Qingdao, China[J]. Australian Journal of Agricultural and Resource Economics, 52（2）：133-147.

BANKS J, BLUNDELL R, LEWBEL A, 1997. Quadratic Engel curves and consumer demand[J]. Review of Economics and statistics, 79（4）：527-539.

BENTON D, WILLIAMS C, BROWN A, 2007. Impact of consuming

a milk drink containing a probiotic on mood and cognition[J]. Earopean Journal of Clinical Nutrition, 61（3）：355-361.

CACHO N T, LAWRENCE R M, 2017. Innate immunity and breast milk[J]. frontiers in immunology（8）：584-591.

CARMODY R N, GERBER G K, LUEVANO J M, et al., 2015. Diet dominates host genotype in shaping the murine gut microbiota[J]. Cell Host and Microbe, 17（1）：72-84.

CRAGG J G, 1971. Some statistical models for limited dependent variables with application to the demand for durable goods[J]. Econometrica, 39：829-844.

CRICHTON G E, ELIAS M F, DORE G A, et al., 2012. Relation between dairy food intake and cognitive function：The Maine-Syracuse Longitudinal Study[J]. International Dairy Journal, 22（1）：15-23.

CRYAN J F, DINAN T G, 2012. Mind-altering microorganisms：the impact of the gut microbiota on brain and behaviour[J]. Nature Reviews Neuroscience, 13（10）：701-712.

CRYAN K J F, MAHONY S M, 2011. The microbiome-gut-brain axis：from bowel to behavior[J]. Journal of Neurogastroenterol ogy and Motillity, 23（3）：187-192.

DAVID L A, MAURICE C F, CARMODY R N, et al., 2014. Diet rapidly and reproducibly alters the human gut microbiome[J]. Nature, 505（7 484）：559-566.

DEATON A, MUELLBAUER J, 1980. An almost ideal demand system[J]. American economic review, 70（3）：312-326.

DROR D K, ALLEN L H, 2015. Dairy product intake in children

and adolescents in developed countries: trends, nutritional contribution, and a review of association with health outcomes[J]. Nutrition Reviews, 2 (2): 68-81.

FULLER F, BEGHIN J, ROZELLE S, 2007. Consumption of dairy products in urban China: results from Beijing, Shangai and Guangzhou[J]. Australian Journal of Agricultural and Resource Economics, 51 (4): 459-474.

GIADA DE P, COLLINS S M, BERCIK P, 2014. The microbiota-gut-brain axis in functional gastrointestinal disorders[J]. Gut Microbes, 5 (3): 419-429.

GILL S R, POPM, DEBOY R T, et al., 2006. Metagenomic Analysis of the Human Distal Gut Microbiome[J]. Science, 312 (5 778): 1 355-1 359.

GUARNER F, MALAGELADA J R, 2003. Gut flora in health and disease[J]. Lancet, 361 (9 356): 512-519.

HACER C A, MELIKE C, 2010. Effects of socio-economic factors on the consumption of milk, yoghurt, and cheese[J]. British Food Journal, 112 (3): 234-250.

HESS J M, JONNALAGADDA S S, Slavin J L, 2016. Dairy foods: current evidence of their effects on bone, cardiometabolic, cognitive, and digestive health[J]. Comprehensive Reviews in Food Science & Food Safety, 15 (2): 251-268.

HOLMES E, LI J, MARCHESI J, et al., 2012. Gut microbiota composition and activity in relation to host metabolic phenotype and disease risk[J]. Cell Metabolism, 16 (5): 559-564.

KARAKUłA H, OPOLSKA A, KOWAL A, et al., 2009. Does diet

affect our mood? The significance of folic acid and homocysteine[J]. Polski Merkuriusz Lekarski Organ Polskiego Towarzystwa Lekarskiego, 26（152）: 136-141.

KASUBUCHI M, HASEGAWA S, HIRAMATSU T, et al., 2015. Dietary gut microbial metabolites, short-chain fatty acids, and host metabolic regulation[J]. Nutrients, 7（4）: 2 839-2 849.

KOST N V, SOKOLOV O Y, KURASOVA O B, et al., 2009. β-Casomorphins-7 in infants on different type of feeding and different levels of psychomotor development[J]. Peptides, 30（10）: 1 854-1 860.

LEE J, FU Z X, CHUNG M, et al., 2018. Role of milk and dairy intake in cognitive function in older adults: a systematic review and meta-analysis[J]. Nutrition Journal, 17（1）: 82-89.

LEY R E, PETERSON D A, GORDON J I, 2006. Ecological and evolutionary forces shaping microbial diversity in the human intestine[J]. Cell, 124（4）: 837-848.

LIEN D T K, NHUNG B T, KHAN N C, et al., 2009. Impact of milk consumption on performance and health of primary school children in rural vietnam[J]. Asia Pacific Journal of Clinical Nutrition, 18（3）: 326-334.

LIU S H, CHANG C D, CHEN P H, et al., 2012. Docosahexaenoic acid and phosphatidylserine supplementations improve antioxidant activities and cognitive functions of the developing brain on pentylenetetrazol-induced seizure model[J]. Brain Research, 1 451（1）: 19-26.

LYNCH S V, PEDERSEN O, 2006. The Human Intestinal Microbiome in Health and Disease[J]. New England Journal of

Medicine, 375 (24): 2 369-2 379.

MCDANIEL M A, MAIER S F, Einstein G O, 2003. Brain-specific nutrients: a memory cure? [J]. Nutrition, 19 (11-12): 957-975.

MÉLANIE G G, 2014. Microbiota-gut-brain axis and cognitive function[J]. Advances in Experimental Medicine & Biology, 81 (7): 357-371.

ORGANIZATION W H, 2008. Maternal and child undernutrition: global and regional exposures and health consequences[J]. Lancet, 371 (9 608): 243-260.

PARK K M, FULGONI V L, et al., 2013. The association between dairy product consumption and cognitive function in the National Health and Nutrition Examination Survey[J]. British Journal of Nutrition, 109 (6): 1 135-1 142.

RIZZOLI R, 2014. Dairy products, yogurts, and bone health[J]. American Journal of Clinical Nutrition, 5 (5): 1 256s-1 262s.

ROBINSON O J, SAHAKIAN B J, 2008. A double dissociation in the roles of serotonin and mood in healthy subjects [J]. Biological Psychiatry, 65 (1): 89-92.

SAKAGUCHI M, KOSEKI M, WAKAMATSU M, et al., 2006. Effects of systemic administration of β-casomorphin-5 on learning and memory in mice[J]. European Journal of Pharmacology, 530 (1-2): 81-87.

SANTOCCHI E, GUIDUCCI L, FULCERI F, et al., 2016. Gut to brain interaction in autism spectrum disorders: a randomized controlled trial on the role of probiotics on clinical, biochemical and neurophysiological parameters[J]. BMC Psychiatry, 16（1）：1-16.

SOEDAMAH-MUTHU S S, DING E L, AL-DELAIMY W K, et al., 2010. Milk and dairy consumption and incidence of cardiovascular diseases and all-cause mortality: dose-response meta-analysis of prospective cohort studies[J]. American Journal of Clinical Nutrition, 1（1）：158-171.

SPENCE L J, CIFELLI C D, MILLER G, 2011. The role of dairy products in healthy weight and body composition in children and adolescents[J]. Current Nutrition and Food Science, 7（1）：40-49.

TUNICK M H, HEKKEN D L, 2014. Dairy products and health: recent Insights[J]. Journal of Agricultural & Food Chemistry, 63（43）：9 381-9 389.

VERCAMBRE M N, BOUTRON-RUAULT M C, RITCHIE K, et al., 2009. Long-term association of food and nutrient intakes with cognitive and functional decline: a 13-year follow-up study of elderly French women[J]. British Journal of Nutrition, 102（3）：419-427.

WANG Y, MENG L P, FENG H T, et al., 2019. Nutrition knowledge of elderly and middle-age urban population and its effects on diet quality and dairy consumption: across-sectional study in eight cities of China [J]. Current Developments in Nutrition, 3（S1）：nzz034. 10-060-19.

WU B, CHEN Y, 2017. A multistage budgeting approach to the analysis of dairy demand in urban China[J]. British Food Journal, 119（12）：2 804-2 821.

YEN S T, FANG C, SU S J, 2004. Household food demand in urban

China: a censored system approach[J]. Journal of Comparative Economics, 32(3): 564-585.

ZHANG X Y, GUO H Y, ZHAO L, et al., 2011. Sensory profile and Beijing youth preference of seven cheese varieties[J]. Food Quality and Preference, 22(1): 101-109.

致　谢

《乳制品消费与健康》是由农业农村部食物与营养发展研究所乳品营养健康中心组织编写，在编写过程中受到农业农村部食物与营养发展研究所、中国奶业协会营养与消费专业委员会等单位的指导和支持。浙江大学肖湘怡博士生，农业农村部食物与营养发展研究所夏佳钰硕士生、吕鹏飞硕士生在数据查询和现场调研方面做出了贡献。

编写组借此机会向上述单位和个人表示衷心感谢。

资料调研和书稿编写涉及单位广、参与人员多，在编写过程中向我们提供帮助的人员的姓名可能会被遗漏，对此，我们表示诚恳的歉意。